COMO ESSA CALOPSITA VEIO PARAR NO BRASIL?

JOÃO LUIZ PEDROSA

COMO ESSA CALOPSITA VEIO PARAR NO BRASIL?

e outras dúvidas de geografia

Rio de Janeiro, 2022

Copyright © 2022 por João Luiz Pedrosa
Todos os direitos desta publicação são reservados à Casa dos Livros Editora LTDA. Nenhuma parte desta obra pode ser apropriada e estocada em sistema de banco de dados ou processo similar, em qualquer forma ou meio, seja eletrônico, de fotocópia, gravação etc., sem a permissão dos detentores do copyright.

Diretora editorial: Raquel Cozer
Coordenadora editorial: Malu Poleti
Editora: Chiara Provenza
Assistência editorial: Mariana Gomes
Apoio ao texto e copidesque: Carolina Candido
Revisão: Lorrane Fortunato e Mayara Facchini | Histórias Bem Contadas
Capa, projeto gráfico e diagramação: Anderson Junqueira
Foto do autor: Luiz Ipolito
Foto da calopsita: Maria Fernanda Ferraz Camargo
Imagens do miolo: ShutterStock e NASA
Parecer pedagógico: Mariana Chaves

Dados Internacionais de Catalogação na Publicação (CIP)
Angélica Ilacqua CRB-8/7057

P414c
    Pedrosa, João Luiz
        Como essa calopsita veio parar no Brasil? : e outras dúvidas de geografia / João Luiz Pedrosa. — Rio de Janeiro : HarperCollins, 2022.
        240 p.

      ISBN 978-65-5511-334-1
       1. Literatura infantojuvenil 2. Geografia - Literatura infantojuvenil 3. Curiosidades I. Título

21-5529   CDD 028.5
                      CDU 087.5

Os pontos de vista desta obra são de responsabilidade de seus autores, não refletindo necessariamente a posição da HarperCollins Brasil, da HarperCollins Publishers ou de sua equipe editorial.
Rua da Quitanda, 86, sala 218 — Centro
Rio de Janeiro, RJ — CEP 20091-005
Tel.: (21) 3175-1030www.harpercollins.com.br

*Dedico este livro às pessoas
que se comprometem com a educação
e com a ciência no Brasil.*

SUMÁRIO

PREFÁCIO — 9

INTRODUÇÃO: O QUE A GEOGRAFIA TEM A VER COM A SUA VIDA? — 13

1. COMO ESSA CALOPSITA VEIO PARAR AQUI? — 19

2. A GUERRA TERRITORIAL DOS BISCOITOS E BOLACHAS TEM SOLUÇÃO? — 37

3. A TERRA NÃO É PLANA! — 59

4. FILHO, POSSO LAVAR ROUPA? — 81

5. ÁFRICA: PAÍS OU CONTINENTE? — 101

6. FUI PARA OUTRA CIDADE E NEM PERCEBI 123

7. ESSE RIO PARECE MAR 145

8. TUDO VEM DA CHINA? 167

9. O CEMITÉRIO DO QUE VOCÊ CONSOME 191

10. MEMÓRIAS DE UMA RACISMO MASCARADO 213

AGRADECIMENTOS 229

LISTA DE CONTEÚDOS SUGERIDOS 231

SOBRE A PITICAS 235

SOBRE O AUTOR 237

PREFÁCIO POR
FATOU NDIAYE

Todos nós já tivemos nossa fase de perguntas: "Por que o céu é azul?", "Por que não chove todo dia?", "Por que eu tenho que ir para a escola?". Geralmente, essa fase vai dos 5 aos 9 anos, quando cada movimentação em nosso entorno é motivo de um ciclo de questionamentos, quando cada resposta gera uma nova pergunta. As pessoas que estão fora da nossa lógica infantil têm, como primeira reação, respostas curtas, seja com o intuito de interromper nossa maré de dúvidas o mais rápido possível, seja por, simplesmente, não saberem o que responder. Se a solução *curta e grossa* funciona para os adultos, para as crianças, a sensação que fica é que a cada resposta vazia, uma hipótese morre, uma potencial descoberta é descartada, um sonho é desencorajado.

Como essa calopsita veio parar no Brasil? dá fim às respostas vazias. Neste livro, João Luiz transiciona entre ser professor, detentor de todo o conhecimento, e aluno da vida. João abraça a dúvida, enxerga-a como elemento fundamental da produção de qualquer forma de conhecimento e entende a curiosidade como ponto de partida para as mais complexas teses. A humildade de perguntar e de reconhecer que todos nós somos eternos estudantes, é a base para a construção deste livro.

De certa maneira, a obra é uma espécie de intersecção entre um Atlas Geográfico (aqueles enormes que vemos em bibliotecas) e uma biografia.

A partir de uma calopsita encontrada na rua, o autor torna-se protagonista ao apresentar a geografia de forma empírica. Fundamentando o conhecimento em suas experiências, perguntas e reflexões. Com analogias inteligentes, o autor mostra que temas como biogeografia, meteorologia, geopolítica e economia podem explicar os infames pombos que assolam nossos grandes centros urbanos, o debate entre biscoito e bolacha (é biscoito), as roupas que usamos e até a água que nós bebemos. Através dessas relações, ligadas ao seu cotidiano e ao do leitor, e muitos memes (socorro, João, sai do Twitter!), ele prepara o terreno para introduzir a teoria, com dados históricos, estatísticas e pensadores contemporâneos (sim, claramente me refiro à Gretchen).

Para além disso, o autor desmistifica preconceitos e aborda tópicos sensíveis como o racismo e a homofobia. Com uma linguagem cativante, ele evidencia as sutilezas por trás da construção de nossas visões de mundo. Mostra que muitas das nossas opiniões são fruto de uma série de doutrinas maiores, construídas antes mesmo da nossa existência. Assim como na infância, cada resposta dada gera um novo questionamento, cada nova informação trazida é base para o desenvolvimento de uma nova perspectiva de mundo fundamentada na geografia e, diferentemente do que acontece quando somos crianças, neste livro, João não se cansa de responder aos infinitos "por quê?". Ao convergir diferentes áreas da disciplina com variadas áreas da nossa vida, o livro propõe uma reflexão acerca de qual é o verdadeiro espaço que a geografia ocupa no nosso cotidiano. Será que ela deve ser restrita a três tempos semanais na escola, mesmo estando presente nos aspectos mais fundamentais da nossa vida? Ou uma pergunta melhor: Será que a gente realmente sabe o que é geografia?

João comprova que a geografia se constrói na conexão: está entre identidades, civilizações, natureza, produtos, nações e todo esse conjunto de indivíduos que chamamos de Mundo. Disso, entende-se porque a disciplina perpassa pela maioria das áreas de conhecimento: do produto chinês ao açaí paraense, das ações e reações de cada sistema que influenciam os outros, gerando uma rede de conhecimento e evolução. Com este livro, o que fica claro é que a geografia encurta as distâncias (físicas ou não) entre nós, nos dá a oportunidade de enxergar o mundo através da perspectiva do outro e exercer a empatia. Empatia essa que permite a criação de narrativas menos coloniais e mais fidedignas. É sobre ouvir indivíduos e povos que nunca tiveram suas narrativas contadas.

Falando em conexão, muito mais que ensinar, João resgata aquele sentimento de euforia depois de assistir a uma aula que mudou sua maneira de pensar sobre o mundo. Ele se apropria das dinâmicas utilizadas em sala de aula para explicar os mais diversos temas, como globalização e blocos econômicos, e transforma a experiência de leitura em uma conversa entre professor e aluno.

Suas palavras deixam clara a paixão pela educação e, mais do que isso, confirmam como ela tem o poder de transformar a vida de cada ser humano. Assim como os problemas que nos assolam, atualmente, são fruto de milhares de décadas de conflitos, necessitaremos de milhares décadas para resolvê-los. *Como essa calopsita veio parar no Brasil?* vai além das mensagens convencionais de esperança, que são positivas, porém ingênuas. O livro traz soluções, respostas. Se há uma receita de bolo para "consertamos" nosso planeta, ela está na geografia. João mostra que revisitando o passado e analisando nosso presente podemos, sim, construir um novo futuro.

Falando em futuro, o que será que ele nos reserva? Será que a China irá dominar de vez o nosso cenário? Será que a crise hídrica vai se agravar? Será que algum dia conseguiremos de fato combater as *fake news*? Será que a Rihanna vai voltar a lançar música? Bom, para pensarmos nessas respostas precisamos resgatar nosso "perguntador" interior e descobrir *Como essa calopsita veio parar no Brasil?*

INTRODUÇÃO
O QUE A GEOGRAFIA TEM A VER COM A SUA VIDA?

Sabe aqueles programas de televisão que mostram espécies variadas de animais, algumas enormes e outras tão pequenas que são quase invisíveis a olho nu? Não sei você, mas eu sempre fico maravilhado ao pensar em todas elas convivendo em seu habitat natural.

Era só um programa desses ser anunciado e lá estava eu com os olhos grudados na tela da TV, os ouvidos absorvendo cada palavra da dramática narração que é tão característica desses programas. "E agora, ele observa a sua presa..." ou "Preste atenção no que irá acontecer agora...". A presa é abocanhada e somos transportados para outra cena. Algo novo acontece. Os *plot twists* são mais chocantes do que qualquer episódio de *Black Mirror*, posso garantir.

Esses são os meus programas favoritos! Ou melhor, eram. Eu amava demais, confesso, mas num belo dia, esses mesmos narradores responsáveis por trazer mais emoção à minha dose de conhecimento da flora e fauna mundial pregaram-me uma peça, ainda que não soubessem o que estavam fazendo. Sem aviso prévio, disseram palavras que me trouxeram uma das maiores dúvidas da minha vida.

Era domingo e eu estava sozinho em casa. Ou melhor, muito bem acompanhado da minha calopsita. Acordei supercedo para curtir uma manhã preguiçosa e, enquanto fazia um café bem gostoso, comecei a ouvir um desses programas. O tema do dia era: aves nativas de diferentes lugares do mundo. Os olhos no café, os ouvidos na televisão e a mente em qualquer outro lugar. Eu havia até me esquecido que o programa ainda estava passando quando uma determinada palavra chamou a minha atenção.

É sempre assim, né? Nos desconectamos facilmente e, repentinamente, somos chamados de volta para a realidade. Dessa vez, a palavra que me fez recobrar a atenção foi "calopsita". Afinal de contas, estavam falando da minha pequena amiga. Imediatamente pensei: *"uai, um bichim tão normal"*. E foi nesse instante que o narrador disse algo como "a espécie é natural da Austrália, de regiões áridas e pode viver entre dez e quatorze anos".

Se a minha vida fosse um desenho animado, nesse momento uma lâmpada bem iluminada teria se acendido acima da minha cabeça. Olhei para o lado e vi a minha calopsita se coçando todinha, limpando as penas e olhando para mim como se dissesse:

— O que que foi, cara?

Olhei bem nos olhos dela, o sono misturando-se com a incompreensão, e perguntei:

— Como é que você veio parar aqui no Brasil?

Num piado alto, como se entendesse o que martelava na minha cabeça, a minha ave, ao mesmo tempo tão internacional, australiana, e tão mineira, me respondeu:

— Não sou eu que vai te contar não, uai.

Terminei de assistir o tal programa na esperança de descobrir como aquela bichinha tão linda tinha vindo parar na minha casa, no interior de Minas Gerais. Minha cabeça se encheu de perguntas:

"Mas quem a trouxe para o Brasil? Será que veio sozinha?"

"Gente, mas quanto tempo será que demorou?"

"Será que foi ideia dela mesma vir para cá?"

Como já é de se esperar, o programa acabou sem que eu obtivesse as tão esperadas respostas. Mas eu não sou bobo e sei bem como dar um fim às minhas dúvidas. Corri para a internet e para os livros de biogeografia da faculdade.

Se você nunca nem ouviu falar a respeito, biogeografia é o estudo da distribuição das diferentes espécies e ecossistemas no nosso planeta. Basicamente, é a geografia da vida, como o próprio nome sugere. Interessante, né? Essa ciência também estuda a localização geográfica e a mudança das espécies de acordo com o tempo geológico, ou seja, desde a formação da Terra até os dias de hoje.

Com todos esses livros e a internet à minha disposição, me sentei em frente ao computador e entrei num *looping* de abas e páginas abertas à procura da resposta para a minha questão. E, alerta de *spoiler*: não encontrei nenhuma resposta satisfatória em pouco tempo.

É claro que verifiquei direitinho as fontes para pesquisar somente em sites confiáveis. As notícias na internet são muitas, mas se não ficarmos atentos, acabamos recebendo informações falsas que podem confundir mais ainda a nossa cabeça.

Muitas das páginas apresentavam possíveis respostas para a minha questão, mas de forma tão técnica e com termos tão difíceis que eu poderia passar mais uma tarde inteira apenas pesquisando seus significados. Parecia que quanto mais eu lia, mais dúvidas surgiam.

Com a curiosidade ainda em seu ápice, devo ter aberto mais de quinze abas ao mesmo tempo, em busca de entender de fato tudo aquilo que estava lendo. A minha constatação, no entanto, foi que muitos veículos da mídia são campeões em nos fazer cair no famoso *clickbait,* também chamado de caça-clique, o que, ironicamente, é uma excelente explicação: títulos que prometem uma coisa, mas entregam outra, apenas para fazer o usuário clicar e aumentar a receita de publicidade online ou número de visualizações. Você já deve ter visto uma infinidade de YouTubers, por exemplo, que fazem isso: postam vídeos com títulos polêmicos só para atiçar a sua curiosidade de fofoqueiro, mas quando você clica para ver, o vídeo não tinha nada daquilo prometido.

No meu caso, uma notícia com o título: "Pesquisador traz aves em sua mala de mão e é preso em flagrante" era o suficiente para garantir o clique. Dá vontade de saber o que aconteceu, né?

E eu vou te contar que eram inúmeras as notícias. Algumas delas pareciam tão absurdas que me peguei questionando sua veracidade. No fim do dia, minha cabeça já não conseguia acompanhar todas aquelas informações. O que era mentira? O que era verdade? O que era especulação da internet? O que estamos fazendo nesse mundo?

Discussões filosóficas a parte, me questionava se a minha querida calopsita tinha mesmo conseguido sair da Austrália, atravessado um oceano todinho, enfrentado temperaturas extremas e sobrevivido tempestades e ventanias até chegar à minha casa ou se simplesmente tinha pegado uma carona na asa de um avião.

Muitas das informações que apareceram durante a minha pesquisa não faziam sentido algum. Eu sabia disso porque, por ser professor de geografia, sempre me mantive informado sobre o que acontece no Brasil e no mundo. Minha trajetória acadêmica e teórica me tornaram apto a identificar algumas baboseiras ditas em sites que não possuíam fontes fidedignas sobre os temas que se aventuravam a abordar. Isso quer dizer que fui capaz de filtrar o que estava sendo dito ali. Mas e quem não é professor?

A minha calopsita foi somente o começo dos meus questionamentos. Me peguei pensando em diversos assuntos que fazem parte da dúvida cotidiana das pessoas e que, por vezes, elas não têm nem ideia de que são temas da geografia. Você sabia, por exemplo, que o fato de você decidir levar, ou não, um casaco quando sai de noite é influenciado por um tema geográfico, o debate entre clima e tempo? Ou já se perguntou a relação entre a localização geográfica e a escolha de palavras, como no eterno debate entre bolacha e biscoito?

Foi nesse momento que entendi como era necessário escrever este livro. A vinda da minha querida ave para terras brasileiras desencadeou uma série de questionamentos que tenho certeza que fazem parte do seu cotidiano também. A geografia faz parte do nosso dia a dia, e durante as páginas deste livro, você será capaz de perceber isso. Juntos, vamos descobrir essa disciplina por um novo prisma.

Já deu para perceber que professor e pesquisador, quando se interessam por um tema, logo se enchem de perguntas e, quanto mais coisas descobrem, mais querem descobrir, mais querem entender. Eu mal podia imaginar que um domingo de manhã preguiçosa e um dos meus programas favoritos sobre o mundo animal poderiam me levar a pensar em escrever um livro. Com uma pergunta levando à outra, me deixei embalar pela curiosidade das pessoas, pelas dúvidas cotidianas sobre coisas óbvias e outras não tão óbvias assim.

Afinal, apesar de ser professor, foram dúvidas do cotidiano que se apossaram de mim, aguçando a minha curiosidade e me fazendo perceber que, por vergonha ou conformismo, as pessoas muitas vezes deixam essas questões de lado, quando não deveriam fazê-lo. Essas são dúvidas comuns e extremamente interessantes, que iremos desvendar juntos.

Com a calopsita viajante em uma cabeça atormentada pela pergunta que sempre acompanha um professor: "e se algum dia algum aluno me perguntar isso, como é que vou responder?", nasceu este livro. A intenção dele é responder às perguntas que, muitas vezes, temos vergonha de fazer. Perguntas que, por vezes, recebem respostas decoradas que são repetidas sem que de fato saibamos sobre o que estamos falando. É aquele costume de ter nossas perguntas infantis respondidas com ditados ou frases populares, sabe?

Ou, ainda, as afirmações corriqueiras que fazemos sem de fato analisar o que estamos falando. Por exemplo: quando começa a chover, eu aposto que você já ouviu alguém dizer:

— Nossa, o clima mudou!

Mas você sabia que não é o clima que muda e sim o tempo? Ou você sabe o que significam todos aqueles termos ditos na previsão do tempo? Mais um *spoiler*: eles não querem dizer apenas se você deve, ou não, levar o seu casaco.

Este livro nasceu da curiosidade cotidiana e das questões que SEMPRE me atravessaram e que, aqui, serão respondidas para mim e para você. Faremos um voo mais longo do que aquele da minha calopsita para entender sobre o mundo que nos cerca. Espero que ele sirva como um convite para aprender e não ter mais vergonha de perguntar, pois a pergunta move a nossa curiosidade e nossa criatividade. É por meio das perguntas que adquirimos conhecimento.

1 COMO ESSA CALOPSITA VEIO PARAR AQUI?

É comum ouvirmos falar sobre a migração de aves. Seja nos desenhos que fazem parte da nossa infância ou nos ditados populares, a citação mais recorrente diz respeito aos longos voos que algumas espécies de pássaros fazem durante o inverno, em busca de um lugar mais quente.

A depender do ano em que você nasceu, pode ser que se lembre de um episódio do Pica-Pau em que ele decide não migrar para o sul com as outras aves e, depois, precisa batalhar contra a fome e o congelamento dos rios, situação típica de regiões mais frias. Mas essas referências são muito imprecisas para entender por que determinadas espécies de pássaros decidem migrar de um lugar para o outro e, o mais importante, o que faz com que elas se instalem em um novo habitat de forma permanente. Afinal de contas, encontramos calopsitas com certa frequência aqui no Brasil, não?

A CALOPSITA VIAJANTE

Após certo tempo de pesquisa, descobri que as calopsitas são aves originárias da Austrália. Mas se você pensa que essa informação saciou as minhas dúvidas, se engana. Na verdade, fiquei ainda mais curioso: como, então, essa espécie veio parar aqui?

Algum tempo atrás, se me perguntassem de onde vinha a minha calopsita, a resposta provavelmente seria "da rua". Afinal, foi ali que, enquanto cruzava uma avenida cheia de carros, meu namorado parou e gritou:

— UMA CALOPSITA!.

O susto foi tanto que, confesso, na hora, mal tive tempo de raciocinar. Num só pulo, atravessei o monte de carros para resgatar o passarinho que vive com a gente até hoje. Quando conto dessa forma, parece até que o bichinho saiu da Austrália e aterrissou, sem escalas, direto na minha cidade, no interior de Minas Gerais, apenas para ser resgatado por nós.

É interessante imaginar uma calopsita viajante. Posso até visualizar o enredo do filme: o passaporte carimbado e, nas malas, apenas a coragem e independência de um bicho que nasce e cresce solto. Sofrendo com a crise da meia-idade, nossa intrépida excursionista decide mudar de país. Por um acaso do destino, as coisas acabam dando errado e ela vem parar no trânsito pacato da minha cidade. Alguém ligue para a Pixar, por favor!

Mas, infelizmente, não é bem assim que as coisas funcionam no mundo animal. E se isso, por si só, não representa um balde de água fria, tem mais: embora tenham saído da Austrália para fazer morada no Brasil, nosso país não foi a primeira parada dessa ave. Os primeiros registros da espécie são de ornitólogos ingleses. Caso você não saiba, a ornitologia é um ramo da biologia animal dedicada ao estudo das aves. Essa ciência estuda a distribuição desses animais ao redor do mundo, seus costumes, organização e as características que fazem com que uma se distinga da outra.

Esses profissionais foram os responsáveis por registrar pela primeira vez na fauna australiana essa espécie, que faz parte da mesma família dos periquitos e papagaios. Ainda que isso possa parecer apenas uma informação interessante, ela, na verdade, está relacionada com algo muito mais profundo, que são os traços coloniais ingleses vivenciados pela Austrália. O desenrolar dessa história já conhecemos, uma vez que, por algum motivo, talvez pela cor das penas e a semelhança da ave com o papagaio, os ingleses levaram consigo alguns exemplares da espécie para a América, mais especificamente para a região da América do Norte, também colonizada por eles. De lá, a calopsita foi trazida para o Brasil.

Essa espécie encontrou maior disseminação a partir de 1949, quando surgiu a primeira mutação documentada, na Califórnia, Estados Unidos.

Os primeiros registros da ave em território brasileiro se dão por volta dos anos de 1970, sobretudo devido ao fato de a espécie ser considerada muito dócil e fácil de ser domesticada.

E por mais que seja quase óbvio e, até mesmo, tentador afirmar que o pio das calopsitas não é fluente como o piado dos papagaios devido às questões linguísticas e estrangeirismos que essa ave tão viajada carrega em sua fala, não é por esse caminho que nosso voo seguirá. Afinal, não é porque as calopsitas são da Austrália que todas as calopsitas do Brasil são australianas.

Pelo contrário: ao se adaptarem ao clima e à vegetação do entorno, as espécies que saem do seu lugar de origem continuam a viver como viviam antes, dando continuidade à espécie, ainda que nem sempre estejam em harmonia com o restante do lugar, como veremos mais adiante. Em outras palavras, assim como a minha calopsita é mineira, nascida e criada na terra do queijo e, hoje, vive em São Paulo, provavelmente as outras calopsitas que se espalharam pelo Brasil também carregam na sua história o jeitinho brasileiro de ser.

DE ONDE VOCÊ VEIO?

Ainda que estejamos usando a minha calopsita como ponto de partida, isso não é uma exclusividade dessa espécie. A fauna brasileira não é composta unicamente de animais naturais de nosso território. Ou você nunca parou para pensar como é que tem pinguim, leão e girafa no Brasil, ainda que eles sejam encontrados no zoológico?

Outro excelente exemplo é o da cabra. O animal é tão comum no cotidiano do sertão brasileiro que pode até parecer estranho pensar que ele não é originário dali. Entretanto, as cabras foram trazidas pelos portugueses durante a colonização. O animal é amplamente utilizado na culinária portuguesa, seja por seu leite ou sua carne. Sua fácil adaptação ao clima semiárido fez com que ele se tornasse característico dessas regiões, fazendo, até mesmo, parte do vocabulário em expressões como "cabra da peste".

Pode ser que, agora, você esteja pensando que toda a nossa fauna brasileira foi importada de algum lugar. Calma, o Brasil é muito rico de animais originários de nosso território. Inclusive, essas espécies que são encontradas somente em uma região geográfica específica recebem o nome de espécies endêmicas. A do Brasil é enorme, estendendo-se a diversos grupos de animais e vegetais.

Voltando à minha calopsita, após inúmeras perguntas, pude descobrir que elas não são animais ameaçados de extinção (ufa, pelo menos isso!). A extinção costuma representar um grande risco para espécies endêmicas, como é de se imaginar. Para explicar melhor, podemos pensar em um exemplo clássico brasileiro: o Mico Leão Dourado.

UM PAPO SOBRE A MATA ATLÂNTICA

Esse lindo animalzinho que estampa a nossa nota de vinte reais é uma espécie brasileira típica da região da Mata Atlântica, mais especificamente na região do estado do Rio de Janeiro. A Mata Atlântica, no entanto, vai além do Rio, estendendo-se por estados como São Paulo, Minas Gerais, Espírito Santo, Paraná, Santa Catarina e Rio Grande do Sul, além de parte de alguns estados do Nordeste como Rio Grande do Norte, Bahia, Sergipe e Alagoas. Esse é, atualmente, o bioma mais degradado do Brasil, fortemente influenciado pelo avanço das cidades e pelo fato de estar localizado na faixa litorânea do país que, desde o período colonial, sofre processos de degradação ambiental.

Desempenhando um importante papel na manutenção dos recursos hídricos de alguns dos principais estados do país, por abranger sete das nove maiores bacias hidrográficas do Brasil, é de se imaginar que o desmatamento da região tenha resultados devastadores para a população. Cerca de 60% dos brasileiros vivem perto dessa região.

O que antes era um enorme território verde, hoje representa apenas 7% de sua cobertura original. E, para piorar, a maior parte das espécies dessa região são endêmicas. Ou seja, se elas deixarem de existir ali, estão automaticamente fadadas à extinção. Triste pensar nisso, né?

As causas da extinção das espécies endêmicas podem ser explicadas de maneiras diferentes e não necessariamente excludentes. Analisemos, para começar, o princípio da diversidade genética desses animais. O que significa dizer que um determinado grupo de indivíduos ocorre em um único lugar?

O QUE É BIODIVERSIDADE?

Ter um animalzinho que pertence somente a uma região pode parecer até mágico. Quantos tipos diferentes de turismo não são criados sobre a premissa de conhecer algo único? Gostamos da ideia da exclusividade. Mas, quando falamos do reino animal e do reino vegetal, essa restrição pode causar sérios problemas.

Primeiramente, podemos entender que os cruzamentos ocorrem dentro desse mesmo grupo de animais, o que faz com que, do ponto de vista biológico, eles sejam geneticamente parecidos. Isso significa dizer que, na ocorrência de alguma praga ou doença, a maior parte do grupo será afetada devido à baixa diversidade genética. Tem-se, de certa maneira, a explicação de um conceito muito conhecido: a biodiversidade. Você sabe o que é isso?

Também chamada de diversidade biológica, ela se refere aos processos ligados à variedade de espécies no mundo animal. Está relacionada com a variedade de formas vivas existentes no planeta, como podemos facilmente deduzir ao dividir a palavra em duas: BIO (vida) + DIVERSIDADE (autoexplicativo). Essa variedade é essencial para trazer equilíbrio ao ambiente em que vivemos. A escassez de determinada espécie pode causar sua extinção e culminar no aumento desenfreado de outras espécies. Esse fator pode interferir, até mesmo, na paisagem do local.

Um exemplo é o castor. Conhecido por construir barragens, ele é responsável pela mudança da paisagem. Há algumas espécies de peixes que sobrevivem nos pequenos lagos que se formam por meio das barragens criadas pelos castores. A ausência desses famosos roedores significa a extinção desses peixes. Está vendo como tudo se conecta?

Uma outra possível explicação para a ameaça de extinção das espécies endêmicas está diretamente relacionada a processos humanos, o que, imagino, não causa nenhuma surpresa. Somos responsáveis pela alteração de muitas das paisagens naturais, e quase sempre não de forma tão benéfica quanto os castores. Já citamos aqui o exemplo da Mata Atlântica e como seu desmatamento causa o sumiço de espécies típicas da região.

De fato, a degradação ambiental é um problema e, em virtude disso, o Mico Leão Dourado, assim como outras espécies animais da fauna brasileira como a Arara Azul, o Lobo Guará e a Onça Pintada, sofrem ameaça de extinção. Mas o que pode acontecer quando animais endêmicos cruzam o oceano e se tornam animais domésticos encontrados até mesmo em lojas de animais, como a calopsita?

VAI PRA ONDE?

Pensar nisso, na verdade, me faz ter ainda mais questionamentos. O que leva alguém a retirar uma espécie de determinado lugar e levá-la para outro? A verdade é que os motivos são inúmeros, de estudos e pesquisas até o tráfico de animais e inserção forçada de uma espécie em um novo ambiente. Acredite, acontece.

Por exemplo, a rã-touro é um animal que foi introduzido em diversos países, incluindo o Brasil, com a promessa de comercialização da carne e do couro do animal. Original de países africanos como Namíbia, Angola, Moçambique, Quênia e África do Sul, é uma das maiores rãs do mundo.

O hábito de comer rã no Brasil não se desenvolveu na mesma proporção que o animal, de rápida reprodução. Pelo fato de ser uma espécie que se adapta facilmente aos novos ambientes, ela se firmou no território brasileiro, e hoje, pode ser encontrada em grandes centros urbanos. Eu, até o presente momento em que produzo essas linhas, não conheço sequer uma pessoa que tenha uma rã como animal doméstico. Ou que tenha o costume de comer rãs. Não que não seja possível, mas convenhamos que não é muito comum por aqui.

Entendo que talvez o exemplo da rã seja um pouco descolado da sua realidade. Pode ser até que você não faça ideia de que animal é esse e esteja imaginando o Caco, o Sapo, dos *Muppets*. Mas eu tenho certeza de que você já ouviu falar do animal que vou citar agora. E pode até ser que já tenha recebido um presente dele, vindo diretamente dos céus e carimbando aquela sua camiseta nova (eca!). Os pombos.

Essa espécie também foi introduzida no território brasileiro durante o período da colonização, mais especificamente durante o século XVI. Animais típicos da região do Mediterrâneo, que engloba parte da Europa, do norte da África e do Oriente Médio, os pombos faziam parte da alimentação, por mais difícil que seja de acreditar. Eles constavam no cardápio dos colonizadores e foram trazidos enquanto aves domésticas, mantidas em cativeiro.

Os pombos passaram, então, a serem libertados e introduzidos nos centros urbanos para dar um ar mais europeu para as praças e cidades brasileiras. Adaptaram-se rapidamente ao clima dos trópicos e começaram a se reproduzir nos centros urbanos. Sem ter predadores naturais, logo se tornaram o problema sanitário que hoje conhecemos, sobretudo porque suas fezes podem transmitir doenças quando inaladas ou acidentalmente ingeridas.

A perseguição aos pombos também ocorre porque seus ninhos possuem ácaros que podem causar coceiras e micoses nas pessoas. Em algumas cidades ao redor do mundo, existem serviços de controle de pombos, que são feitos de forma natural, buscando a reinserção desse animal na natureza e sua retirada dos grandes centros urbanos, ou de forma não natural, por meio de seu extermínio.

A CULPA É DOS HUMANOS

Sejamos sinceros: a realidade é que os seres humanos constantemente introduzem novas espécies em ambientes diferentes sem manter controle das reações que isso desencadeia. Não somente a expansão territorial que ocorre com o surgimento de novos centros urbanos faz com que muitas espécies sejam expulsas de seus lares, mas também, em muitos casos, animais são introduzidos com objetivos específicos e momentâneos, sem que sejam consideradas as consequências da reprodução deles.

Certo tempo atrás, estava lendo notícias na internet quando me deparei com uma reportagem a respeito do javaporco. Não, você não leu errado e esse não é nenhum tipo de jogo estranho do Twitter para formar palavras novas. Javaporco. Provavelmente você deve estar pensando "o que diabos é um javaporco?". E bem, querido leitor, esse também foi o meu questionamento.

Curioso como sempre, iniciei as minhas pesquisas sobre esse misterioso animal. Confesso que não levou muito tempo até que surgissem artigos completos a respeito dessa espécie nova, um cruzamento entre javali e porco. E aí entra uma dúvida inusitada: tem javali no Brasil?

Caso você não tenha muita familiaridade com essa espécie de animal para além do famoso javali da Disney, o Pumba, trago aqui algumas informações a respeito dele. O javali é um animal euroasiático, com presença mais frequente no continente europeu. Durante determinado tempo, mais especificamente por volta do século XIII, esses animais foram caçados com frequência, sendo quase levados à extinção.

O êxodo das populações rurais para os centros urbanos, entre os anos 1970 e 1990, bem como o reflorestamento das áreas verdes em países europeus fez com que esses animais recolonizassem algumas das áreas de onde haviam desaparecido. Na verdade, agora tem-se um novo problema, já que os javalis passaram a se reproduzir em maior escala devido à eliminação de alguns de seus predadores naturais, como o lobo e o lince.

Alguns países como a Itália têm, durante determinados períodos do ano, uma infestação de javalis, que caminham pelas ruas em busca de alimentos, chegando, por vezes, a revirar o lixo das casas e até mesmo a atacar pessoas.

Você deve ter percebido que, até agora, o Brasil não foi mencionado nessa história. Isso porque o javali não é uma espécie natural das Américas, tendo sido introduzido por aqui para fins de criação, também em meados dos anos 1990. E não somente passamos a ter javalis, como seus híbridos, frutos da mistura do animal com espécies diferentes. Oriundos sobretudo do sul do país, próximo à fronteira com o Uruguai e Argentina, os javalis começaram a procriar com porcos, surgindo o famigerado *javaporco*. Por vezes, ele também é chamado de *porcoli* (esse nome é engraçado, né?). Infelizmente, animais híbridos como esses têm gerado diversos problemas ambientais no Brasil, uma vez que são conhecidos por destruir tudo por onde passam, incluindo plantações agrícolas, outros espaços de criações de animais etc. Mais uma espécie introduzida sem se pensar nas consequências.

A introdução de uma espécie em um novo habitat pode ser um tanto quanto perigosa. Há espécies que são introduzidas para servirem de alimentos para outros animais ou para serem incorporadas na culinária local, mas acabam sendo descartadas quando não se alcança o sucesso esperado. Esse descarte se dá pela simples liberação desses animais na natureza. O ciclo e a adaptação fazem com que elas se reproduzam e, em alguns casos, o feitiço vira contra o feiticeiro. Sem predador natural e sem servirem de alimento, elas passam a interferir no ecossistema local.

Um exemplo é o caramujo-gigante africano, trazido para o Brasil a fim de substituir o famoso *scargot,* iguaria francesa muito popular. Eles não foram bem recebidos pelos consumidores brasileiros e acabaram soltos na natureza, tornando-se pragas agrícolas por destruírem jardins e hortas.

É importante ressaltar que existem outras formas de controlar pragas sem, necessariamente, ter-se que introduzir uma nova espécie para servir de predadora. Uma possibilidade é a de retirar o alimento desses animais.

Você consegue perceber como nada acontece por acaso? Da próxima vez que estiver na praça da sua cidade e os pombos ameaçarem pegar o seu sorvete, lembre-se dos parágrafos acima. Foram trazidos para serem enfeites e se tornaram pragas urbanas pela falta de predadores naturais nas grandes cidades.

E se os exemplos citados não forem suficientes para convencer você, podemos falar de outros que geraram comoção na internet. Em determinadas épocas do ano, redes sociais como o Twitter são inundadas de fotos e textos sobre a morte de gambás em residências. Há quem se refira a esses animais como pragas urbanas, há quem peça para que preservem suas vidas, já que esses pequenos animais exercem importante papel no descobrimento de antídotos contra picada de cobras. Você sabia disso?

A título de curiosidade, vamos falar um pouco desse assunto. Esses animais não só comem cobras peçonhentas, como produzem uma proteína, o LTNF, que bloqueia os efeitos da peçonha. Estudos feitos a partir dessa proteína buscam sintetizar um antídoto universal para grande parte das peçonhas conhecidas.

No entanto, os gambás são comumente confundidos com ratos, sendo atacados e vítimas de envenenamento. A lei de número 9.605/98, no Brasil, pune com multa e/ou reclusão de no mínimo um ano às pessoas que maltratam ou causam prejuízo aos animais silvestres, como o gambá. Isso, contudo, não impede que o animal seja alvo de ataques.

Durante determinadas épocas do ano, esses animais ficam cada vez mais vulneráveis. O que muitas pessoas não sabem é que, por serem espécies marsupiais, os gambás carregam os filhotes numa espécie de bolsa acoplada ao corpo, como os cangurus. Portanto, quando matam um gambá, pode ser que estejam também matando seus filhotes, já que, em sua maioria, os gambás presentes nos centros urbanos são fêmeas em busca de alimento e em período reprodutivo. Outro animal vítima de ataques devido à sua aparência e que deveria, na verdade, receber um troféu pelos seus bons costumes é a lagartixa, que come os pernilongos que ficam zunindo no seu ouvido durante o verão.

AS PLANTAS TAMBÉM MUDAM

E dos animais, vamos diretamente para a cozinha. Calma, vou explicar melhor. Diversas espécies de plantas e frutas presentes na nossa alimentação ou que servem como decoração, sendo facilmente encontradas em variados locais em nosso país, foram introduzidas aqui. A banana, que é consumida em larga escala no Brasil, é uma fruta de origem asiática, tendo sido levada para a Europa pelos romanos no século I a.C. e, posteriormente, trazida para nós pelos colonizadores portugueses.

Outra fruta que deve fazer parte do seu dia a dia é a laranja. A denominada laranja doce é de origem chinesa e foi levada para a Europa durante o século XVI pelos portugueses (olha eles aí de novo). Uma curiosidade acerca dessa fruta é que, em diversas línguas ao redor da Europa, ela recebe o nome de Portugal. Laranja em grego é *portokáli* e em búlgaro é *portokal*. Interessante, né?

A universidade em que me formei era repleta de pinheiros, como nos filmes de Natal norte-americanos que permeiam a nossa infância. Você já deve ter se perguntado porque enfeitamos nossas casas com pinheiros, bonecos de neve e um Papai Noel com tantas camadas de roupa se o nosso Natal é marcado pelas temperaturas altas características do verão.

Os pinheiros são árvores originárias do hemisfério norte do planeta, cujo formato triangular é decorrente de anos de evolução, em um processo de adaptação para que a neve, que caía em excesso, não se acumulasse em suas folhas. Por ter o topo mais estreito e a base mais larga, a neve escorria mais facilmente. Acontece que não nevava onde eu estudei, tampouco fazia um frio que justificasse a existência dessas árvores. Viu como essas inserções são mais comuns do que imaginamos?

A globalização e a intensificação dos fluxos de pessoas, mercadorias e informação entre países diferentes fizeram com que essa prática, que já ocorria há muito tempo, se tornasse ainda mais comum ao longo dos anos, incorporando-se de tal forma na nossa cultura que passamos a não questionar suas origens. Um dos maiores símbolos brasileiros em Hollywood, Carmem Miranda, é portuguesa e usa, em sua cabeça, um chapéu de frutas não necessariamente tropicais, como kiwi, manga e maçã. Mas deixarei a pesquisa da origem dessas frutas com você, porque precisamos voltar a falar da minha calopsita, a grande musa inspiradora deste capítulo.

DE VOLTA AOS MEUS COMPANHEIROS DE CASA

Na verdade, preciso introduzir mais dois companheiros do meu dia a dia que também são originários de outro país. Não contente em ter uma companheirinha proveniente da Austrália, resolvi ter duas chinchilas, espécie originária da região dos Andes, na América do Sul. A evolução adaptou esses pequenos roedores para que sobrevivessem em regiões mais frias. Hoje, as chinchilas selvagens são raras, uma vez que esse animal foi ativamente caçado devido à sua pelagem macia, utilizada para fazer casacos.

Por isso, quando adotei minhas duas amiguinhas, uma mistura de rato com esquilo ou, como gosto de dizer *"um ratinho chic"*, tive que fazer uma série de adaptações em minha casa. Esses animais vivem e precisam estar em baixas temperaturas, mas hoje também moram comigo em São Paulo. Sem pânico: tenho o ambiente climatizado que elas precisam para poder viver da forma mais confortável possível.

Pode-se perceber que eu adoro ter bichinhos diferentes, né? Mas o que mais atrai minha atenção nesses fatos, como professor de geografia, é pensar em como a circulação de espécies ao redor do mundo também faz com que animais diferentes passem a se conhecer. Com frequência falamos do impacto da globalização para os humanos, porém, sem esses processos que exemplifiquei neste capítulo, minha calopsita australiana e minhas chinchilas andinas jamais se encontrariam. Hoje, ambas vivem na casa paulistana desse mineiro que vos escreve. Uma linda mistura geográfica.

O USO DE ANIMAIS NA MODA

É interessante analisar como, apesar de acreditarmos que a domesticação é quase sempre ruim para os animais, em alguns casos ela pode representar a salvação de uma espécie. Vamos entender isso um pouco mais a fundo?

Como mencionei, meus *ratinhos chics* foram, por muito tempo, caçados para serem transformados em casacos de pele, vendidos a preços absurdos. Esses casacos eram usados por pessoas podres de ricas e celebridades internacionalmente famosas, não somente a Cruella de Vil dos 101 Dálmatas.

Acredito que não seja nenhuma novidade para você que o consumo de animais vai além da indústria alimentícia. A indústria da moda é famosa pela exploração de várias espécies diferentes, seja o couro dos crocodilos para bolsas, a pele de chinchilas para casacos, a lã de ovelhas para pulôveres. E a lista vai além: os pincéis de maquiagem de cerdas naturais, feitos de pelos de marta, os cílios postiços de pelos de minks, os tapetes de urso que enfeitam pomposas salas de estar.

O uso da pele dos animais remonta aos tempos pré-históricos. Sentindo a necessidade de cobrir-se, os humanos passaram a abater animais a fim de retirar sua pele e pelos e aproveitar os ossos para a construção de ferramentas. Com o passar do tempo, a prática foi incorporada pela indústria da moda, com seus ostentosos casacos de pele utilizados pela realeza, sobretudo, europeia. Entretanto, em lugares como a Rússia siberiana, o uso de pelos naturais ainda era ligado a uma necessidade de proteção consequente da incapacidade dos produtos sintéticos de bloquear o frio intenso.

O mesmo ocorre com o couro, hoje parte comum do nosso vestuário, cujo uso conecta-se a um histórico primitivo de transformação da pele dos animais em objetos e peças para o vestuário, a fim de aproveitar-se outras partes dos animais que não seriam utilizadas na alimentação.

Contudo, os avanços tecnológicos no mundo da moda, permitiram a confecção de tecidos que simulam a pele de animais, de modo a substituir aquilo que, por muito tempo, foi utilizado como instrumento de luxo e riqueza. Ainda que hoje em dia seja possível utilizar-se réplicas sintéticas, que não são cruéis como as naturais, algumas marcas continuam a comercializar peças feitas com pele de animais, com detalhes em couro de cobra, crocodilo, carneiro etc.

Um casaco de chinchila pode ser encontrado na internet pelo valor de, aproximadamente, quatro mil reais, em pesquisa feita na data de publicação deste livro. E, pasmem, para que um simples casaco seja feito, são necessárias, em média, duzentas chinchilas. Duzentos desses dois mesmos animaizinhos que tenho em casa para que uma única pessoa possa desfilar com sua nova peça de vestuário.

É importante ressaltar que o modo de extração dessa pele e pelos quase sempre envolve o assassinato do animal de formas cruéis. Nesses casos, não é possível realizar a tosquia como é feito com ovelhas para retirar a lã. Uma maior conscientização da nossa sociedade levou ao aumento de protestos contra marcas que se utilizam da pele, couro e ossos de animais para confeccionar suas roupas e acessórios. Ainda assim, como eu disse, produtos de origem animal continuam a estampar coleções de grifes que desfilam em passarelas de moda por todo o mundo.

NEM TODO HUMANO É RUIM

Já que mencionei as ovelhas, vamos falar sobre a tosquia. Você sabia que é algo necessário para o conforto das ovelhas domesticadas? Esse ato consiste no corte rente do pelo animal junto ao corpo, deixando-o sem pelo. Durante os períodos mais quentes do ano, esse corte garante que as ovelhas passem menos calor, além de facilitar a sua locomoção.

E aqui, mais uma vez, a adaptação exerce seu papel. O pelo das ovelhas selvagens costuma crescer menos, caindo durante o verão. Já as ovelhas domesticadas, há milhares de anos criadas pelos homens, têm a queda de seus pelos condicionadas ao corte anual. Isso ocorre porque as ovelhas em cativeiro desenvolveram um ritmo acelerado de crescimento da pelagem, fazendo com que a tosquia se tornasse necessária. Animais que são criados para produção herdam, ao longo do tempo, características genéticas que os tornam mais propícios para a obtenção acelerada dos produtos que fornecem. Curioso, não?

Hoje são poucas as ovelhas que vivem fora do cativeiro, visto que grande parte desses animais são criados pelos seres humanos. Isso, inclusive, me faz lembrar uma reportagem que vi alguns anos atrás, em que se contava a história de uma ovelha que fugiu da fazenda em que era criada e ficou perdida na natureza por cerca de seis anos. Quando foi encontrada, trinta e cinco quilos de lã foram retirados de seu corpo. Por ser de uma espécie de ovelha adaptada para a obtenção de lã, seu pelo cresceu num ritmo maior e, sem a tosquia, o resultado foi um animal com dificuldade de locomoção e alimentação devido ao excesso de peso de seu pelo. Por sorte, ela conseguiu sobreviver.

Com esse exemplo, é possível perceber que a tosquia não é ruim para esses animais e que nem todo animal criado em cativeiro sofre maus tratos. Esse é sempre um ponto interessante a ser debatido e me faz pensar em outro assunto muito comentado, que é a presença, em zoológico, de animais originários de outros países que não o Brasil.

ANIMAIS EM CATIVEIRO

Para discorrer sobre esse tema, precisamos voltar um pouquinho na história. Na verdade, precisamos voltar *bastante* na história para compreender o surgimento desses espaços. Muitas são as possíveis explicações para a origem dos zoológicos, indo de espaços de coleção dos animais da realeza a simples ambientes de lazer. Mas não é bem sobre esses entretenimentos que quero falar com você. Inegavelmente, o que temos de experiência com a criação de animais selvagens e silvestres em cativeiro para fins recreativos não é nada positivo. Estou falando dos circos.

O circo moderno surgiu na Inglaterra do século XVIII, com o conhecido picadeiro e as diversas atrações. Durante muito tempo, era comum que circos ao redor do mundo usassem animais como leões, elefantes e tigres, nos espetáculos itinerários que viajavam pelo interior dos países, levando entretenimento às pessoas. Era algo tão corriqueiro que não se questionava a presença desses animais fazendo truques que não lhes eram naturais.

Hoje vivemos em um outro cenário e sabemos que grande parte desses animais são vítimas de maus tratos. O elefante, por exemplo, é treinado para ficar em pé com brasas ferventes colocadas embaixo de suas patas. Felizmente, o constante questionamento acerca da forma como esses animais eram tratados fez com que muitos circos eliminassem a presença de bichos em seus espetáculos. Mas o abuso e exploração animal não existe somente nos circos, o mesmo ocorre em parques aquáticos que promovem atrações com baleias e orcas, que, caso você não saiba, são a maior da espécie dos golfinhos. Sim, a orca é um golfinho e não uma baleia. Hollywood nos enganou novamente.

Esses animais vivem em tanques de água sem o volume hídrico e espaço necessário para o seu bem-estar, sendo praticamente obrigados a realizarem truques em troca de comida, para puro entretenimento humano.

Outro caso é o do famoso Zoológico de Lujan, na Argentina, conhecido por medicar animais selvagens para que ficassem mais dóceis, facilitando o contato com o público e permitindo que fossem tiradas fotografias e selfies com esses animais. Após inúmeras acusações de maus-tratos, o zoológico foi fechado pelo Ministério de Ambiente e Desenvolvimento Sustentável argentino.

Entretanto, alguns zoológicos, parques e santuários ecológicos podem funcionar como alternativa de sobrevivência para certas espécies, uma vez que, após muitos anos criados em cativeiro, a reinserção desses animais em seu habitat natural pode ser prejudicial e desencadear a morte. Alguns desses espaços podem funcionar para fins científicos e educacionais, sendo conhecidos por resgatarem esses animais vítimas de maus tratos, provendo um lar, cuidados e alimentos para eles.

Esse tipo de método pode ser chamado de conservação *ex-situ*, que consiste na criação de indivíduos de determinadas espécies fora de seu lugar de origem. É o caso dos zoológicos, museus e criadouros para fins científicos. O conceito, no entanto, não se aplica somente para animais. Os jardins botânicos e bancos de sementes fazem o mesmo trabalho para preservar a flora. Quando essas espécies animais ou vegetais são criadas em seu local de origem, sendo preservadas em conjunto com seu habitat, tem-se a criação *in-situ*. Como exemplo, cito as unidades de conservação e áreas de proteção ambiental.

Acredite: há casos em que uma espécie resgatada pode estar mais segura no zoológico do que em seu habitat natural. Pense, por exemplo, em um tigre que tenha sido mantido em cativeiro durante anos. Esse animal, infelizmente, perdeu parte de seus instintos e, dessa forma, reinseri-lo na natureza poderia ser letal. Em um santuário de animais, entretanto, ele estará cercado de elementos que favorecem o seu enriquecimento ambiental. E o que é enriquecimento ambiental, João? Ótima pergunta.

Vou explicar de uma forma bem simples: sabe a bolinha que você compra para o seu cachorro poder brincar? Ou aquelas enormes instalações cheias de andares para gatos que vivem dentro de casa? Ou os poleiros e balanços da minha calopsita? As tocas para os roedores? Esses elementos são essenciais para estimular o bem-estar de animais criados em cativeiro, deixando-o mais divertido e atraente e gerando uma experiência positiva para o bichinho.

UM VIVA À CURIOSIDADE

A verdade é que poderíamos falar desse assunto durante horas. O tema se desdobra em diversas esferas e, como é de se esperar, eu defendo sempre a informação. Houve uma época em que era comum comprar pintinhos ou peixes-beta na feira, sem saber a origem desse animal. Hoje em dia, infelizmente, tem-se ainda o hábito de comprar cães e gatos de raça, muitas vezes criados em péssimas condições sanitárias. É legal ter um bichinho em casa? Com certeza! Mas você precisa saber de onde ele vêm. Não necessariamente saber a árvore genealógica completa de seu companheirinho, mas ter ciência das responsabilidades relacionadas a ele e conhecer sua origem, as condições de tratamento por parte de seus responsáveis anteriores e tudo o que for relacionado ao animal.

E estendo o pedido pela busca de informação além da perspectiva de um novo pet. Por muito tempo, fomos estimulados a limitar as nossas dúvidas ou minimizá-las, taxando-as como triviais. Mas a curiosidade é muito importante. Alimente a sua curiosidade. Ela é a fonte de descobertas importantíssimas em nossas vidas.

Se eu não tivesse acionado a lâmpada na minha cabeça no dia em que vi a reportagem sobre a calopsita, por exemplo, talvez essas linhas jamais fossem escritas e, assim, muitos dos outros temas apresentados nesse livro não seriam abordados. Bom, nesse caso, gostaria de voltar no tempo para encontrar o meu professor do ensino médio que, me repreendeu e me julgou: "João, você questiona tudo", "João você faz perguntas demais", e dizer que foram as minhas problematizações, a minha curiosidade que, hoje, me tornaram uma pessoa que pensa e enxerga o mundo de outra forma.

E é isso que, de alguma maneira, quero provocar em você que está aqui lendo estas páginas.

A GUERRA TERRITORIAL DOS BISCOITOS E BOLACHAS TEM SOLUÇÃO? 2

Mas afinal de contas, é biscoito ou bolacha? Se algum dia você estiver entediado, faça esse teste: mande essa pergunta no Twitter e veja, em alguns instantes, sua linha do tempo ser inundada de opiniões a respeito do mais famoso dos debates linguísticos. A polêmica pergunta com frequência alimenta milhares de comentários nas redes sociais. O que você pode não saber é que ela está diretamente ligada à geografia. Sim! Quer saber o motivo?

Antes de responder a essa pergunta, quero saber: de que lado você fica na disputa da *bolacha* ou *biscoito*? Eu sei que se você é parte desse Brasil gigante, já deve ter entrado em alguma discussão dessas ao menos uma vez na vida. A minha intenção aqui não é convencer ninguém de que biscoito é certo. Quero dizer, bolacha! Não, espera aí. É biscoito e não se fala mais nisso!

Vamos deixar a polêmica de lado por enquanto para entender a geografia que habita o nosso alimento. Não, espera, o nosso alimento que habita a geografia. Se um simples *lanchinho* doce rende tanto assunto, fica fácil entender que tudo o que comemos e, claro, o que falamos, está ligado ao lugar onde vivemos. E é exatamente por isso que biscoito-bolacha-biscoito-bolacha-biscoito-bolacha-bolacha-biscoito--polvilho-cookie-biscoito-cracker-salgadinho... é, e sempre será, argumento para um belo debate.

QUAL É A RELAÇÃO ENTRE GEOGRAFIA E CULTURA?

É fato que estamos sempre nos relacionando com o lugar em que vivemos, certo? Por mais que, às vezes, possam passar despercebidos, muitos dos nossos costumes estão relacionados com a região que habitamos. Isso fica muito mais nítido quando conversamos com pessoas de outros estados, por exemplo, e percebemos quantas diferenças culturais podem existir dentro de um mesmo país. É um teste fácil de se fazer: pergunte para pessoas das cinco regiões do Brasil qual é a comida típica brasileira, ou qual é a gíria mais típica do nosso país. Depois, pegue um balde de pipoca e faça que nem o Michael Jackson no famoso meme, vendo o circo pegar fogo.

Da roupa que você escolhe para sair de casa até o fato de fazer mais frio ou mais calor em sua cidade: tudo está interligado. Até mesmo o lanche que você come num café da tarde, ou o fato de servir ou não um café da tarde. Diga para um mineiro que não se pode mais tomar café à tarde e assista enquanto ele entra em pânico. Na minha família, esse lanche vespertino é algo tão importante quanto o almoço, viu?

As características geográficas de um lugar interferem diretamente na forma como consumimos determinados alimentos. Tomemos como exemplo o próprio açaí: o modo de prepará-lo é diferente no Sudeste, quando comparado com o Norte do país. Enquanto eu tenho o costume de colocar leite em pó e calda de sorvete no açaí, para a galera do Norte, é quase um crime comer açaí se não for com peixe. Ao menos em Belém sei que funciona assim, pois foi lá que obtive tal informação.

Nossas características culturais também mudam a forma como nos alimentamos, mas é importante ressaltar que questões como o clima, a vegetação e a temperatura dos lugares possuem papel mais do que determinante no que vamos comer. Algumas espécies se adaptam melhor

BISCOITO
BOLACHA
COOKIE

a climas mais frios, por exemplo. Nesse caso, lugares que possuem como característica climática o calor, raramente vão ter esse alimento como algo principal no prato.

A localização geográfica, portanto, exerce enorme papel nas opções de alimentos disponíveis. É por isso que, por exemplo, é tão comum comermos frutos do mar quando viajamos para regiões litorâneas e, quanto mais para o interior do país adentrarmos, mais produtos fornecidos por animais de fazenda aparecem no cardápio.

UMA QUESTÃO DE OPINIÃO

Apesar de termos, até agora, debatido sobre as diferenças de alimentos de acordo com a região e o clima de uma determinada localidade, é preciso falar também da perspectiva linguística. Ou seja, precisamos entender por que certos alimentos recebem uma variedade tão grande de nomes a depender da região em que estamos. Afinal de contas, se é tudo a mesma coisa, para que tantos nomes?

Voltemos para a polêmica que deu origem a este capítulo. Isso mesmo, a do biscoito-bolacha-cookie. Tentar vencer esse debate é o mesmo que assinar o papel de *rebelde sem causa,* porque cada um de nós terá um modo preferido de se referir a esse tão apetitoso quitute brasileiro. A questão na qual vamos nos aprofundar agora é: como eu entendo por que pode ser biscoito, mas também pode ser bolacha; e todos estarmos falando sobre a mesmíssima coisa?

E é claro que, para compreender essas diferenças linguísticas, teremos que fazer uma grande viagem. Mas não será necessário fazer as malas, pois viajaremos aqui mesmo, nos parágrafos que se seguem. E nosso destino será esse enorme guisado (cozido? refogado?) geográfico-linguístico-social chamado Brasil. Bora conhecer melhor o nosso país nas próximas páginas?

BRASIL: UM PAÍS CONTINENTAL

O Brasil, quinto maior país do mundo em dimensões territoriais, tem quase o tamanho de um continente, sendo o maior da América Latina em milhões de quilômetros quadrados. Para contextualizar um pouco mais, vamos fazer algumas comparações. Portugal, por exemplo, caberia no estado de Pernambuco. O Reino Unido, como um todo, tem o tamanho do estado de São Paulo. Poderíamos encaixar a Espanha inteira no Rio de Janeiro, enquanto a Itália tem o tamanho semelhante ao Maranhão. Organizando bem, a Europa encaixaria quase que totalmente em nosso país. Veja bem, estamos falando de um continente que tem quase o mesmo tamanho de um único país.

A Oceania, continente onde se localizam países como Austrália, Fiji e Nova Zelândia, possui aproximadamente 8.526.000 km² em território. Já o Brasil possui 8.516.000 km². Somente 10 mil km² a menos do que um continente inteiro. Deu para entender por que com frequência dizemos que nosso país tem dimensões continentais?

Independentemente do tamanho de um país, é comum que existam costumes diferentes relacionados com as diversas regiões internas. Pense, por exemplo, no ambiente escolar: existem grupos distintos de alunos que se reconhecem pelo seu modo de falar, pela música que consomem e as coisas que costumam gostar de comer. Ainda que esse grupo não se identifique com outros, eles convivem dentro da mesma escola e acabam tendo costumes que são compartilhados por todos os alunos, como as regras da escola, por exemplo, que todos devem obedecer. Se esses estudantes, como um todo, visitarem outra escola, podem estranhar os hábitos daqueles que lá estudam.

O mesmo ocorre em todos os países ao redor do mundo. Mas é claro que, quanto maior for o país, maiores serão as diferenças. Em um país tão grande quanto o nosso, as muitas pessoas que se espalham por seu território vivem, falam, comem, vestem-se, trabalham e relacionam-se de diferentes maneiras. E, mesmo com tantas diferenças, todos nós brasileiros vivemos segundo a institucionalização de um único país, o nosso Brasil, resultado de um processo de colonização responsável pela expulsão e silenciamento forçado de povos indígenas e suas línguas. Povos estes que habitavam o território brasileiro muito antes da invasão portuguesa.

E AS LÍNGUAS INDÍGENAS?

Não quero me alongar muito nessa parte do que foi o processo de colonização do Brasil, então voltemos ao tema central desse capítulo: o debate entre *bolacha vs. biscoito*. Sempre que fico em dúvida com relação ao significado ou origem de alguma palavra, me questiono: onde é que foram parar as línguas indígenas? Como foi que começamos a falar português? Será que a língua que falamos hoje tem alguma influência das línguas indígenas?

Por que, apesar de termos algumas palavras de origem tupi incorporadas em nosso vocabulário, como catapora, mingau e peteca, não aprendemos esse idioma (ou qualquer outro de origem indígena) na escola? Por que nem sua história nos é ensinada?

Nas aulas de literatura, com frequência ouvimos sobre autores portugueses e de outros países ao redor do mundo. Em algumas escolas, tem-se aula de idiomas como o inglês e até mesmo outras línguas europeias, como espanhol, alemão ou francês. Discorremos acerca das inúmeras guerras, das mudanças históricas ao longo dos anos. Mas pouco nos é falado a respeito dos povos que aqui viviam primeiro, os indígenas.

Lembra-se do tamanho de Portugal quando comparado ao do Brasil? Pensando nisso, fica muito mais chocante pensar na crueldade da colonização, né? Existiam, de ponta a ponta do Brasil, mais de seiscentas línguas diferentes e mais de três milhões de indígenas, com costumes diferentes.

Cada qual vivia à sua maneira, chegando a existir, até mesmo, disputas entre eles. Quando os portugueses chegaram, entretanto, os indígenas foram todos vistos como uma única população sobre a qual a cultura portuguesa deveria ser imposta. Procurando por novas terras para conquistar e novos povos para dominar, os portugueses ignoraram a heterogeneidade da população nativa.

Tradições linguísticas, culturais e religiosas de gerações de povos indígenas foram ignoradas e descartadas para que a primeira ideia colonial, a de imposição de língua e cultura do colonizador, fosse concretizada. Para os portugueses, isso garantiria a uniformidade daquele território recém-conquistado e que era alvo de intensas disputas entre outros países europeus, sobretudo os espanhóis e holandeses. Assim, passamos a ter o português como língua oficial, no ano de 1759, em meio a luta e resistência daqueles que aqui viviam ou que para cá foram trazidos em condições de escravidão.

Há, no entanto, um detalhe importante nessa linha de raciocínio, que escapou ao colonizador: línguas não desaparecem e não deixam de ser faladas por uma imposição baseada em interesses políticos, econômicos e territoriais. Por isso, embora as línguas indígenas nunca tenham ocupado a posição de língua oficial do Brasil, muitas delas sobreviveram às opressões portuguesas e seguem sendo faladas até hoje.

De acordo com o censo de 2010, há cerca de 274 línguas indígenas faladas em território brasileiro por 305 etnias diferentes. Dessas, 17,5% não falam português, comunicando-se apenas em sua língua nativa. Uma das populações indígenas mais expressivas na América do Sul é a guarani, que pode ser encontrada na Argentina, Bolívia, Brasil e Paraguai e divide-se em subgrupos diversos.

Os guaranis foram uma das primeiras populações a terem contato com os europeus e sobrevivem até hoje lutando pelos seus direitos, que são cada dia mais negados pela sociedade. Em solo brasileiro, há cerca de 51 mil indígenas dessa etnia, sendo a população kaiowá uma das mais significativas.

Ainda que as tentativas de apagamento da cultura indígena sejam persistentes, há mais influência indígena no nosso português brasileiro que qualquer colonizador poderia desejar.

Como já diria o líder indígena, filósofo e ambientalista brasileiro Ailton Krenak, o Brasil é uma invenção. Somos ensinados que os portugueses descobriram o Brasil, mas a verdade é que as populações indígenas aqui estavam há milhares de anos. No ano de 1757, no entanto, uma Provisão Real proibiu a utilização de idiomas indígenas, começando-se a firmação do português como idioma oficial da, então, colônia Brasil.

DANDO NOMES ÀS COISAS

A língua portuguesa começou a ser implementada em estabelecimentos de ensino e em órgãos públicos durante esse momento do período colonial. Ainda assim, palavras de origem indígena foram incorporadas no cotidiano e no vocabulário daqueles que ali viviam, sobretudo no que se relaciona com os nomes de cidades.

É fácil de se imaginar porque muitos dos nomes de cidades e de alimentos que conhecemos mantiveram suas denominações indígenas. Quando chegaram aqui, os colonizadores não conheciam essa terra, sua vegetação e seus frutos. Esse conhecimento lhes foi passado por meio das populações indígenas que aqui habitavam.

Imagine um português vendo pela primeira vez uma goiaba. Ele obviamente não fazia ideia do que era aquilo, porque essa é uma fruta originária da América tropical. Portanto, o conhecimento a respeito das formas de utilização dessa fruta veio da observação dos nativos, bem como o nome dela, que perdura até os dias de hoje.

Eu poderia passar horas citando exemplos como esse, mas a verdade é que não é necessário. Por mais que você nunca tenha parado para pensar sobre isso, tenho certeza de que usa palavras indígenas no seu dia a dia. Vamos fazer um exercício simples?

Segue esse fio: quantas cidades que começam com "ita" você consegue nomear?

Você tem cinco segundos...

Vamos lá? Itajubá, Itaboraí, Itanhaém, Itapecerica, Itabira, Itaipu, Itajaí, Itaúna... e por aí vai. São, ao todo, 148 cidades brasileiras registradas com esse prefixo que, na língua tupi, significa pedra ou rocha. Os geólogos vão ficar bravos comigo por dar a entender que as duas palavras são sinônimos, mas não vou entrar nessa discussão no momento. Estamos liberados para falar pedra nesse caso.

UMA PEQUENA VIAGEM NO TEMPO

Os séculos XVI e XVII foram marcados pelas incursões dos bandeirantes. Esse capítulo está ficando um tanto quanto histórico (com o perdão da ambiguidade), mas é necessário recorrermos à história para entendermos porque não há problema em falar bolacha ou biscoito. Não falei que iríamos viajar bastante hoje? Estou te levando de volta no tempo.

Caso você não saiba, os bandeirantes eram homens que adentravam o sertão durante o período colonial à procura de metais preciosos, indígenas para capturar e espécies animais e vegetais. Fortemente armados, percorriam o interior do país, invadindo e saqueando. Tinham como costume nomear os lugares que passavam de acordo com os elementos da natureza, nomes religiosos e palavras que roubavam do vocabulário indígena. Esses nomes permanecem até os dias de hoje.

Esses traços coloniais e da catolicização dos povos indígenas são muito presentes na nossa história e chamam a atenção, principalmente quando penso nas cidades com nome de Santo. São João, sozinho, é responsável por nomear mais de duzentas cidades de nosso país. E essa realidade que nos cerca permite que nossa própria história seja ofuscada a ponto de não termos consciência da origem do que falamos diariamente. A origem do português brasileiro.

São, ao todo, nove países que têm o português como idioma oficial ao redor do mundo. Mas isso, nem de longe, significa que o português falado nesses lugares é o mesmo, idêntico. É só analisar um pouco o acordo ortográfico de 1990 para ver quantas diferenças gramaticais são passíveis de serem percebidas. E isso na gramática oficial. Imagina, então, na língua falada diariamente pela população?

DE VOLTA AOS QUITUTES

Mas, João, cadê a bolacha e o biscoito que começaram este capítulo? No caso do biscoito e da bolacha, existem algumas explicações. Há quem diga que as bolachas são planas e os biscoitos podem apresentar vários formatos. Nesse ponto de vista, as bolachas seriam, por exemplo, a bolacha Maria ou as bolachas de água e sal. Mas não é bem assim que funciona, já que o brasileiro, no ápice de sua criatividade, preferiu criar as variações da bolacha recheada, biscoito recheado, biscoito de água e sal. E tá tudo bem. O mais interessante de se observar nesses casos é como vamos construindo jeitos de falar e denominando coisas do nosso cotidiano de acordo com nossos recortes culturais.

Biscoito ou bolacha pode ser uma discussão tão calorosa quanto um clássico entre Flamengo e Fluminense, ou se o título de melhor clipe vai para a Beyoncé ou Lady Gaga. O fato é que Biscoito *versus* Bolacha é uma das disputas que mais alimenta o engajamento no mundo da comida, mas não podemos negar que existem *váaaarias* outras batalhas linguísticas como mexerica, bergamota ou tangerina; aipim, mandioca e macaxeira, etc. Confesso que, no caso dessa última, custei a entender que todos eram a mesma coisa, pois sempre achava o máximo quando minha mãe dizia que ia fazer bolo de aipim, enquanto colocava a mandioca na mesa. Eu sempre me pegava pensando "uai, mandioca? Não era aipim? É a mesma coisa?".

Esse alimento brasileiro que é basicamente uma raiz branca por dentro com uma casca grossa por fora pode receber diferentes nomes e significados dependendo da região do país. Se formos parar para pensar e nos apoiar na quantidade de estados que utilizam a mesma nomenclatura, mandioca sairia na frente, pois é o termo dito em pelo menos treze estados brasileiros, distribuídos nas regiões norte, sul, centro-oeste e sudeste. Aipim aparece em maior ocorrência no Rio de Janeiro e Espírito Santo e, no caso dos estados do nordeste, o uso de macaxeira é mais comum.

E aqui temos, mais uma vez, um alimento cujo nome foi herdado de línguas indígenas. A palavra mandioca pode ser explicada pela lenda indígena de Mani, do povo tupi.

SENTA QUE LÁ VEM HISTÓRIA

Segundo a lenda, Mani era uma criança esperta, alegre que vivia com seu povo e que em, certo dia, amanheceu morta. Seu rosto, entretanto, transparecia estar sorrindo. A mãe de Mani enterrou a menina dentro da oca, o que era uma tradição de seu povo quando se tratava da família do cacique. Alguns dias após a morte da garota, uma planta diferente de todas já conhecidas na aldeia nasceu no lugar onde Mani fora enterrada. É a essa planta de raiz forte que hoje chamamos de mandioca. E, ao que tudo indica, o surgimento da palavra vem da junção dos nomes MANI+OCA. Olha só, até aula de formação de palavras estamos fazendo.

Essas histórias me fascinam muito e poderia passar horas pesquisando a respeito da formação das palavras que utilizamos no nosso vocabulário. A mandioca é um alimento muito presente na nossa alimentação, sendo base para a confecção de farinha, ingrediente em receitas e até consumida sozinha. Mas muitas vezes, não paramos para analisar o porquê desse nome.

Então, a partir de agora, se você quiser falar *mani* para se referir ao tubérculo branco com casca marrom, seja utilizando a farinha, fazendo tapioca ou preparando tantas outras delícias que podemos comer graças à essa planta, vá em frente e, de quebra, amplie a discussão mandioca-aipim-macaxeira-biscoito-bolacha!

E como imagino que você gosta dessas histórias tanto quanto eu, trago mais uma lenda que envolve um popular alimento brasileiro: o açaí. Lembra que falamos dele? O que você pode não saber é que o nome desse fruto surgiu por meio de uma linda e triste história.

Reza a lenda que, onde hoje é a cidade de Belém, capital do estado do Pará, havia um povo indígena lá estabelecido há anos. Em determinado momento, os alimentos começaram a se tornar cada vez mais escassos e as pessoas passavam fome.

Itaki, o cacique, tomou a cruel decisão de sacrificar todas as crianças que nascessem para evitar que a população da aldeia aumentasse. Eis que um dia, a sua filha, de nome Iaçã, deu à luz uma menina. Seguindo as regras estabelecidas pelo cacique, a criança foi sacrificada e a mãe, desesperada, chorava todas as noites.

Em oração, ela pediu a Tupã, o deus supremo para os Tupi-guarani, que os orientasse, mostrando uma forma menos cruel de ajudar o seu povo. Algumas noites depois, Iaçã ouviu um choro de criança e, ao sair de sua oca, viu a filha parada ao pé de uma palmeira. Quando foi na direção da menina, ela desapareceu, e Iaçã abraçou-se à árvore, onde chorou até morrer.

Seu corpo foi encontrado no dia seguinte. O rosto estampava um sorriso de felicidade e seus olhos encaravam o topo da árvore, carregada de pequenos frutos escuros. O cacique ordenou que esses frutos fossem recolhidos e preparados. Surgiu daí o açaí, cujo nome é a inversão daquele da filha do cacique, em forma de homenagem. Depois disso, a ordem de sacrifício de crianças foi suspensa.

COINCIDÊNCIA? ACHO QUE NÃO...

Bom, eu não acredito que as coisas aconteçam por acaso... estava aqui, sentado e escrevendo este capítulo. Tirei alguns minutos de pausa e fui conferir as minhas redes sociais. Assim que abri o meu perfil, vi uma publicação onde a pessoas estão em mais uma das discussões do vocabulário brasileiro. Só que, dessa vez, o biscoito e a bolacha foram superados e o assunto do momento era sobre Chup-Chup, Geladinho, Gelinho, Sacolé ou DinDin. Sim, *cinco* nomes para o mesmo significado. Bom, espero eu que você saiba sobre o que estou falando baseado nas cinco opções de nome que eu te dei. Pelo menos, com tantos nomes diferentes, você vai poder preencher várias linhas no jogo de adedanha. Ou adedonha. Ou stop. É tudo a mesma coisa.

O mais interessante de observar nessas discussões, é que as pessoas sempre vão argumentar que o jeito certo de falar é o de onde elas vem, com a seguinte frase: "é claro que é assim!", acompanhada de "que?????" e, se estiverem muito irritadas, algum meme da Gretchen fazendo uma careta icônica. Estranham as outras formas de se referir à mesma palavra, por nunca terem ouvido antes e se espantam ao perceber a quantidade de pessoas que falam de uma forma diferente daquela que estão acostumados.

Isso acontece porque, apesar de nem sempre sabermos que há mais de uma forma de se referir à mesma coisa, sempre vamos tentar fazer com que nosso jeito seja considerado correto. Até eu mesmo já fiz isso, confesso. A geografia me fez entrar no papel do espectador e observar todas as regionalidades que se manifestavam ali. A palavra-chave é esta: regionalidade. Vamos bater um papo sobre isso?

REGIONALI-OQUÊ?

A regionalidade é algo que se forma e vai se constituindo a partir de questões que se relacionam no âmbito regional (é claro), cultural, político, econômico, e que vão caracterizando uma região. Essas marcas não são engessadas e tampouco devem generalizar os indivíduos que vivem num determinado lugar, o que, nesse caso, soa até como algo desrespeitoso e problemático.

Por exemplo, faz parte de minha regionalidade ter a tendência de usar muitos diminutivos. Isso é específico meu? Não. Então quer dizer que é algo que se aplica a todos os mineiros? Também não. É importante que a regionalidade, composta por conjuntos de características e comportamentos, não seja encarada como uma espécie de lista de verificação para perceber se alguém é de determinado lugar. Nem todo mineiro precisa falar "trem". Nem todo paulista vai usar "mano". Nem todo baiano diz "oxente". A regionalidade nos ajuda a compreender diferentes perspectivas e olhares.

Se criássemos um mapa ou atlas das características linguísticas do brasileiro, teríamos que nos desdobrar em multifacetas e estudar sobre como nossa língua está relacionada com cultura, tradição e, pasmem, com o próprio mercado comercial e a publicidade. Afinal, você fala Maizena ou amido de milho? Hastes flexíveis ou Cotonete? E quando vai lavar a louça, chama a esponja de aço de Bombril, mesmo que não seja dessa marca?

Não vamos nos aprofundar na questão de como a publicidade molda o nosso vocabulário, apesar de eu achar que esse é um tema extremamente interessante de ser estudado. Aqui, queremos falar sobre a regionalidade do ponto de vista cultural.

E, mais uma vez, a geografia vem para trazer as respostas. Dessa vez, acompanhada de um conceito/campo de estudo que se relaciona diretamente com a linguística. A geolinguística.

O QUE É GEOLINGUÍSTICA?

Da forma mais simples que eu posso explicar, a geolinguística nada mais é do que a geografia das línguas. Quer dizer que esse campo de estudo observa determinadas áreas a fim de entender as chamadas variações linguísticas. Por meio da geolinguística, é possível desenvolver um estudo das línguas a partir de uma perspectiva geográfica e das particularidades da língua portuguesa. No caso do Brasil, um país de dimensões continentais, essas particularidades se evidenciam nos sotaques, nos significados das palavras e jeitos de dizer. Por exemplo: a palavra "porta" no interior do estado de São Paulo tem a sonoridade do "r" puxado, algo como "porrrta", já no Rio Grande do Sul a expressão "Bah!" funciona quase como uma vírgula, tem também o chiado do "s" do carioca, o "Égua!" do paraense, ou a mania de colocar tudo no diminutivo do mineiro. – P.s: é muito difícil descrever um som.

E aqui me lembrei de um causo. Aparentemente, o sotaque só é percebido quando você encontra alguém de outro lugar, né? Certa vez, fui viajar com uns amigos na época da faculdade, para organizar um evento, e nesse encontro dividimos tarefas com pessoas de todos os lugares do país. Então, na mesma sala em que eu estava, havia pessoas tomando um chimarrão no calor de mais de 30º do Rio de Janeiro e mineiros insaciáveis em busca de um pão de queijo. Entretido com a diversidade cultural daquela sala, parei para observar os sotaques e tentar adivinhar de onde as pessoas eram. Aqui vão algumas constatações:

1) temos a tendência (péssima) de sempre generalizar os sotaques dos estados do nordeste. São diferentes, ok?;

2) sempre vai ter alguém para achar algum sotaque feio ou engraçado, o que é um saco;

3) você nunca vai acertar corretamente de onde as pessoas são pelo sotaque, mesmo alguns sendo inconfundíveis...

Fui me apresentar e disse:

— Oi, eu sou o João e vim de...

E logo gritaram:

— MINAS! — Ainda que meu sotaque nem sempre denuncie de onde sou, é possível perceber quando as pequenas nuances do mineirês saem boca afora. Como não reconhecer os diminutivos de "cadim" "mucadim" (um pouquinho), "pãozim", "cafezim"? Já era! Mas o mais legal foi ver que mesmo falando a mesma língua, a geolinguística brasileira permite que experimentos – bom, pelo menos eu acho que foi um experimento – como esse aconteçam.

Para a galera dos relacionamentos interestaduais, quando comecei a namorar o Igor, que é do interior de São Paulo, mais especificamente de São José dos Campos, sempre entrávamos em discussões sobre como falar determinada palavra. E acredite, elas duravam muito tempo. Uma vez, estávamos recebendo alguns amigos na minha casa e resolvemos fazer um bolo. Terminando de bater a massa, pedi que ele pegasse o tabuleiro para mim. Juro que vi uma interrogação se formar na cabeça dele, que perguntou:

— Tabuleiro, agora... pra que?

Eu respondi:

— Pra assar o bolo, uai.

Ele novamente me olhou e perguntou:

— Tabuleiro...?

— Um tabuleiro de bolo — respondi.

Até encontrarmos a comunicação correta para ele entender que tabuleiro para mim era uma forma e/ou assadeira, demoramos pelo menos uns dez minutos. O melhor é que terminamos a noite comendo bolo assado no tabuleiro jogando jogo de forma. Calma. Jogo de tabuleiro com bolo assado na assadeira. Ou forma. Sei lá... enfim.

Essas discussões sempre acontecem com a gente e eu sempre me divirto. Calçada ou Passeio? Pebolim ou Totó? Lanche ou Sanduíche? Canjiquinha ou Quirera?

MEU PEQUENO EXPERIMENTO GEOLINGUÍSTICO

Bom, o que sei é que a geografia me proporcionou exatamente isso, então resolvi fazer um pequeno exercício. Na época, postei nas minhas redes sociais pedindo que as pessoas colocassem nos comentários frases ou expressões que só quem era de onde elas moravam, possivelmente, ia entender. E agora vamos juntos fazer o exercício de tentar adivinhar os significados, beleza?

Lá vão algumas:

"Dá pra você arredar pra lá?"
"Não esquece a japona, piá do djanho."
"Hoje tá cheio de carapanã aqui."
"Saco de Sanito."
"Me vê dez médias e seis pães de cará."
"Seloko mó cota."
"Apois viu coió."
"E aí boy, esse galado tá tirando onda comigo."
"Pare de armar."
"Égua mano, parece que tica bodó."
"Frio de ranguear cusco."
"Estopô balaio."

E a lista continuou de tal maneira que eu já não tinha certeza do que estava acontecendo. Cada post ganhava instantaneamente respostas que traziam o reconhecimento da expressão escolhida, ou as mais sinceras frases de dúvida de pessoas que nunca haviam ouvido aquilo antes. Confesso que, nesse momento, peguei minha bolacha-biscoito-cookie, um cafezinho bem gostoso e passei algumas boas horas lendo as expressões acima citadas, bem como tantas outras.

Pode ser que algumas delas façam sentido para você, mas outras estejam muito longe de sua realidade, certo? Consigo imaginar você dizendo "*que é isso, gente... tá em português?*". Por essa, nem o acordo ortográfico esperava. Esse post ainda está no ar lá no Twitter e tem mais de três mil respostas. É o verdadeiro guisado (cozido? refogado?) geográfico-linguístico-social brasileiro e pode virar um joguinho entre você e seus amigos: "adivinhe de onde é essa expressão? Valendo!". Depois que concluir este capítulo, vai dar uma conferida.

Mas uma discussão me chamou a atenção, pois, de certa forma, acabei provocando o que mencionei no início deste capítulo: fortes embates linguísticos. A frase "me vê dez médias e seis pães de cará" não faz muito sentido para mim, pois não consigo entender o que ela quer dizer, mas para os moradores da baixada santista é como se você fosse na padaria e pedisse: "Me vê dez pães de sal e seis pães de leite". Putz! Pode ser que você também não tenha entendido essa frase. Será que eu deveria falar pão francês? Ou cacetinho? Eis outro dilema e há outras inúmeras variações.

São tantas formas diferentes de se referir à mesma coisa que pode ser que você esteja pensando que não conseguirá se comunicar com outras pessoas se for viajar pelo nosso Brasil. É claro que, quando você é turista, tem-se uma maior disposição das pessoas locais para explicar os diferentes termos e seus significados. Mas o que aconteceria, por exemplo, se pessoas de diferentes regiões do Brasil fossem colocadas numa mesma casa e tivessem que se *comunicar*? Você consegue imaginar a confusão linguística que isso poderia causar?

Parece um experimento interessante de se fazer, né? Para a sua sorte, eu participei de um experimento assim e posso contar um pouco das minhas impressões.

Eu participei de uma das edições do reality show Big Brother Brasil, o BBB. Na casa havia eu e outras dezenove pessoas, todas de lugares diferentes daquele de onde vim. Ali, houve muito desentendimento devido a expressões nunca antes ouvidas, e aprendi muitas gírias que incorporei no meu vocabulário. Mas, acima de tudo, me encantei com a grandeza linguística do português brasileiro. E sigo me surpreendendo com a variedade de palavras que temos Brasil afora.

O PAJUBÁ

As variadas formas de comunicação ficam evidentes durante o convívio e elas também podem ser fruto do ambiente em que vivemos. Nem sempre estão conectadas apenas com o fator regional. Um assunto muito comentado, e que virou até questão do ENEM em 2018, pode exemplificar isso. Em uma questão da prova havia a seguinte frase: "Nhai, amapô! Não faça a loka e pague meu acué, deixe de equê senão eu puxo teu picumã!". O texto que se seguia explicava que a citação continha palavras específicas do dialeto Pajubá. A intenção da pergunta era que o estudante respondesse porque o Pajubá ganha status de dialeto. Mas você sabe o que é Pajubá?

O Pajubá é um dialeto muito utilizado dentro da comunidade LGBTQIA+ (Lésbicas, Gays, Bissexuais, Transexuais, Queer, Intersexuais, Assexuais e outras possibilidades de identidade de gênero e sexualidade) que ganhou notoriedade dentro do patrimônio linguístico brasileiro por representar características de uma comunidade e que, de certa forma, está imbricada dentro do cotidiano.

Trazendo um pouco de contexto, o Pajubá (também conhecido por alguns como Bajubá) nasceu durante a época da ditadura, a fim de ser uma espécie de dialeto secreto da comunidade LGBTQIA+. Ele tem influências do ioruba, idioma da família linguística nigero-congolesa que foi trazido para o Brasil pelos escravizados.

Você sabe que eu adoro uma curiosidade e, nesse caso, não seria diferente. Por isso, trago uma bem picante: o dialeto Pajubá tem objetos formais de registro, ou seja, livros. Há livros que falam a respeito do dialeto e até fazem uma tentativa de dicionarização dele. Incrível, né?

E acredite em mim, com certeza você já ouviu muitas palavras do Pajubá, ainda que não saiba disso. Muitos dos termos são utilizados até hoje e contribuem para a identidade comunitária LGBTQIA+ no Brasil. Uma característica extremamente interessante desse dialeto é a forma como ele quebra os padrões de gênero tão marcantes do português. Já percebeu que, na nossa língua, tudo tem que ter um artigo que marque o gênero? Até mesmo objetos entram nessa classificação. Mas falaremos disso mais adiante.

Para ser considerado um dialeto, a linguagem deve ser falada por uma comunidade regional, tendo um extenso *corpus* linguístico, ou seja, muitas palavras e uma estrutura própria. Ainda que o Pajubá não seja conectado a uma região, é a expressão de uma comunidade.

Quando eu era criança, minha mãe fundou um bloco de carnaval junto a uns amigos na minha cidade, voltado ao público LGBTQIA+ (mas na época usavam a falecida sigla GLS: Gays, Lésbicas e Simpatizantes... Simpatizantes, sério?). Então, dentro de casa e nas festas no fim de semana para os preparativos para o bloco, o Pajubá era a segunda língua. Óbvio que eu, enquanto criança, não entendia muita coisa, já que eu estava mais preocupado em brincar e assistir desenho animado. Mas cresci sabendo que "acué" é dinheiro e que "amapô" é mulher. Além das variações que só minha mãe e os amigos entendiam, como "casque" e "couve" – essas eu nunca soube o significado. E acho que estou bem com isso.

Mas é muito instigante observar, no caso do Pajubá, como a linguagem funciona enquanto instrumento de identidade, assim como muitas pessoas têm orgulho do jeito e da forma que falam. Nesse sentido, ainda que o Pajubá não esteja distribuído numa região geográfica, tem-se uma outra forma de distribuição: por meio da identificação cultural.

O avanço da internet possibilitou aos indivíduos se conectarem dentro das mídias digitais de uma forma interessante. Surgiram muitas formas diferentes de se comunicar, como a linguagem dos memes, dos games, o uso de bordões de séries de TV e filmes nas conversas, e as abreviações que cada dia mais reduzem as palavras: o "Tá ligado" do carioca pode ser lido como "tlg", o "Meu Deus!" como "mds" e o "séloko" como "slc". E vai falar que você não entende? Pode ser que sim, pode ser que não. A linguagem é viva e, vira e mexe, vão aparecer discussões sobre uma nova forma de se comunicar. Tudo vai depender de qual é a sua tribo na internet e da sua faixa etária. Por exemplo: de que lado você se posiciona no debate do que é considerado *cringe*?

EI, ISSO NÃO É PORTUGUÊS!

Se você não entende o significado da palavra, aqui vai alguns sinônimos: cafona, vergonha alheia, vexame ou chinfrim... e vai dizer que *cringe* não é um termo que agora faz parte do vocabulário brasileiro? Claro que faz. Assim como vários outros estrangeirismos, que são, basicamente, termos de outros idiomas incorporados no nosso dia a dia. Ainda que esse seja um tema que gere muita discussão, é mais comum do que pensamos. Costumamos dizer que vamos a um show, não numa apresentação de música. Tomamos milk-shake, não um batido de leite. Usamos o pen drive para armazenar nossos arquivos. Comemos em restaurantes self-service ou escolhemos algo do menu. Fazemos campanhas contra bullying.

É claro que há alguns estrangeirismos que, ainda que sejam compreendidos, acabam se tornando um pouco exagerados aos olhos de algumas pessoas. Você provavelmente já deve ter visto alguém dizer que precisava "marcar uma call para falar sobre o briefing de um job antes da deadline". Leia isso em voz alta e garanto que surgirá ao menos uma pessoa dizendo que você está acabando com o português brasileiro.

Confesso que, num certo momento da minha vida, eu não entendia muito o motivo pelo qual essas palavras eram utilizadas, uma vez que temos traduções excelentes para elas na língua portuguesa. MUITO, mas MUUUUITO melhor usar "cumbuca" ao invés de "bowl" ou "toró de ideias – chuva de palavras" no lugar de "brainstorming". A maioria dessas palavras são derivadas do inglês e, em alguns casos, fazemos a tradução literal: *football* vira futebol, *sport* transforma-se em esporte, *beef* torna-se bife, hot dog é o nosso popular cachorro-quente.

O que me deslumbra ao discutir essa temática são as inúmeras possibilidades que vivenciamos por meio da forma como nos comunicamos. Todo mundo, em algum momento da vida, já inventou uma palavra. Isso é chamado de neologismo. Eu mesmo, quando acho algo muito vergonhoso chamo de cafonagem – palavra essa que nem existe no dicionário –, algo que sempre ouvi e que é informal, mas que faz muito sentido. Enfim, acho que é esse o sentido das coisas: que estejamos dispostos a vivenciar novas experiências que nosso país oferece. Mas, nem sempre essa é a realidade.

E A LINGUAGEM NEUTRA?

Como eu mencionei ali em cima, o português é uma língua fortemente marcada pela distinção de gêneros. *A* mesa. *O* copo. *O* caderno. *A* parede. Mesmo palavras que estruturalmente podem não ser relacionadas a determinado gênero levam um artigo à sua frente que acaba por decidir se ela será feminina ou masculina. E quando você pensa a respeito, isso é algo muito louco.

Pode ser que você estranhe essa colocação e acredite que todas as línguas do mundo sejam assim. Mas se você conhece um pouco de inglês, por exemplo, sabe que essa língua tem menos marcação de gênero do que a nossa. "A mesa" vira "*the table*", cujo gênero é neutro. Você não precisa, no inglês, saber se a mesa é um menino ou uma menina (o que, se você parar para pensar, nem faz muito sentido... é uma mesa!): basta saber que ela existe.

Durante muito tempo, nem ao menos pensou-se nesse debate na língua portuguesa. Ela era do jeito que era, assim como tantas outras línguas derivadas do latim e que também tem marcação de gênero, como o italiano ou espanhol. O que é irônico, uma vez que o latim tem gênero neutro.

Hoje em dia, contudo, uma discussão iniciante vem tomando forma em diferentes ambientes de debate relacionada ao uso da linguagem e dos pronomes neutros. Acredito que se você esteve presente na internet em algum momento nos últimos anos, já deve ter visto algo como "elu/delu" e/ou a aplicação da letra "e" ou "u" nas palavras onde as letras "o" e "a" identificam o gênero. "Amigo" se torna "amigue", por exemplo. Sua utilização ainda é um ponto que gera debate e discussões seja nos jornais, revistas, sites e, sobretudo, na escola. Mesmo que não absorvida por completo pela norma culta, a linguagem neutra, segundo alguns ativistas, estudiosos e professores, representa um avanço nas discussões de gênero e, principalmente, no que diz respeito às normas binárias na qual a sociedade se envolve. Os artigos que acompanham as palavras da língua portuguesa estão presos ao binarismo de gênero, ou seja, sempre são *ou* "o" *ou* "a" e, de fato, a utilização do "e" não é comum, mas se partimos da ideia de que a língua é viva e que a sociedade é capaz de mudá-la constantemente, por que não?

A presença da linguagem neutra no português tem sido, inclusive, tema de dissertações e conversas no mundo acadêmico. Precisamos entender que todas as línguas em uso, ou seja, faladas pelas mais diferentes pessoas dos mais diversos lugares, são vivas e, portanto, estão sujeitas a mudanças, transformações e até empréstimos de outras línguas. Caso contrário, ainda falaríamos o mesmo português dos livros de literatura do século XVIII que estudamos na escola. Imagine como seria esse tweet? "Vossa mercê, sabe ca lhe quero bem, mia senhora!". E lá se foram os 280 caracteres disponíveis.

Ficamos combinados então que o único caminho para escolher o que você prefere na eterna discussão biscoito e bolacha é pegar um cafezinho para acompanhar a sua iguaria enquanto se delicia com as maravilhosidades da geografia e da língua de um povo. Aceitamos que o aipim, a macaxeira e a mandioca, seja qual for a palavra usada, são deliciosos.

Aproveitemos para mergulhar na diversidade da cultura brasileira e tentar ampliar ainda mais as fronteiras do nosso conhecimento. Não existe um certo ou errado. Bolacha é certo, Biscoito também, pois a língua é um traço característico da cultura de um povo.

3 A TERRA NÃO É PLANA

Este capítulo começa já com uma afirmação categórica, que será a veia condutora da leitura das linhas que aqui se seguem. Ao menos para mim, eis aqui um dos diálogos mais sensíveis dos últimos tempos. Confesso que o sentimento que se apodera de mim ao tratar desse assunto é uma mistura de revolta e melancolia. No entanto, vou tentar de alguma maneira canalizar minhas energias para algo positivo. Juntos, vamos discutir porque A TERRA NÃO É PLANA! Ops. Acho que me exaltei.

Com frequência me pergunto como, depois de anos de avanços na área da ciência, argumentos como esse possam, de alguma maneira, ter sobrevivido. Caso você não saiba, a concepção da Terra como sendo plana não é algo novo. É um conceito contra-científico que, de tempos em tempos, surge para refutar todas as descobertas que foram feitas desde a Grécia Antiga. Sim, há tanto tempo.

Você já deve ter percebido que o mundo funciona um pouco dessa forma: há o fluxo e o contrafluxo. É assim nos movimentos literários, em batalhas históricas, na eterna disputa para saber quem é a melhor diva pop da atualidade... As pessoas têm opiniões diferentes e isso é incrível, é a beleza da diversidade e da liberdade de expressão. Entretanto, se torna um território um pouco perigoso quando falamos de correntes que buscam refutar claros avanços científicos, indo contra pesquisas que foram feitas a fim de confirmar determinados fatos. Estamos olhando para os terraplanistas, os anti-vacinas, os céticos que acham que a Rihanna não lançará mais música. Sinto informar, vocês estão errados. E isso será provado aqui.

O TERRAPLANISMO NÃO É NADA ORIGINAL

É importante ressaltar que, mesmo parecendo que agora há muito mais terraplanistas no mundo, esse é um movimento que existe há muito tempo, como eu já disse. E é no mínimo estranho que, ainda que haja pesquisas extensas com evidências científicas, contestações que eram óbvias (a Terra não é plana) começaram a ser pontuadas novamente no mundo contemporâneo.

Algo muito curioso começou a me instigar quando percebi isso. Então, resolvi adentrar mais a fundo o universo da Terra Plana. A curiosidade científica leva você a fazer coisas estranhas, confesso. Ouvi podcast, li matérias e reportagens e, por incrível que pareça, eu encontrei muita coisa. E essa é a principal motivação para a existência desse capítulo.

Parece óbvia a afirmação de que a Terra não é plana? É uma informação consensual, todo mundo pensa assim? Quando exatamente essa ideia se tornou senso comum? Dizer que a Terra é redonda, para muitos, pode ser tão claro quanto dizer que a grama é verde, o seu é azul, ou o sangue é vermelho. Isso vem de uma motivação um pouco maior que nos leva a afirmar com mais certeza aquilo que nós conseguimos ver, tocar, sentir. Nem todas as pessoas conseguem visualizar com os próprios olhos o formato da Terra, isso é um fato. Mas foi possível chegar ao formato do nosso planeta através de evidências cientificamente comprovadas com satélites que sondam a Terra e enviam imagens dela ou estudos realizados desde a Antiguidade que, combinando a Astronomia e a Matemática, nos forneceram a base para as investigações que se seguiram.

UM PULINHO NA GRÉCIA

Como eu disse, o conceito da Terra Plana não é algo que surgiu ontem. Ele é, inclusive, retratado na arte. Há um quadro de 1888 (procure por Flammarion

Terra Plana) que retrata um homem espiando no que seria o limite da Terra. Antes disso, na Grécia Antiga clássica, também se acreditava que a Terra era plana. Mas isso era nos séculos antes de Cristo. Eles não tinham Google e não podiam pesquisar dissertações e fatos no clique de um mouse. Então, por que hoje, com tantas evidências, essa teoria continua a se espalhar?

Vamos por partes. Eu falei da Grécia, e é para lá que vamos agora. E se você está imaginando aquela Grécia linda, toda branca e azul com um mar límpido que aparece nos stories das blogueiras, não se chateie, mas não é bem ali que iremos. Pode até ser, mas anos atrás. Muitos anos atrás. Lá no momento da Grécia Antiga em que os gregos começaram a pensar: "Ei, quer saber? Acho que a Terra não é plana, não".

Você deve estar esperando que eu fale de Aristóteles, certo? Não tem como falar da Grécia sem falar dele, porque o cara era um gênio. Mas não, nada nessa história é muito comum, assim como o nome que falarei agora (e olha que vivemos em um país em que as pessoas têm muita criatividade para nomes.) Vamos falar de Eratóstenes.

Nomezinho difícil, eu sei. Vamos tentar de novo: ERA-TÓS-TE-NES.

Mais uma vez: E-R-A-T-Ó-S-T-E-N-E-S...

Agora foi!

Tão difícil quanto esse nome foi o que ele fez. Eratóstenes pode ter sido o primeiro a apresentar evidências cientificamente comprovadas de que a Terra não é plana. Disseram-lhe que na cidade de Syene, onde hoje se localiza a cidade de Assuã, no Egito, a cerca de 850 quilômetros de distância da capital, Cairo, as sombras dos objetos desapareciam no solstício de verão.

— Ai, João, lá vem você. O que raios é solstício?

Não quero quebrar uma narrativa tão empolgante, então vamos aqui para uma breve explicação: solstício nada mais é do que o momento do ano em que o Sol se encontra no ângulo mais afastado da Terra. Assim, um dos polos da Terra têm sua inclinação máxima em relação ao sol, e o outro polo tem menos inclinação. O polo com inclinação máxima verá a entrada do verão e, no outro polo, do inverno. Voltemos agora para nosso intrépido companheiro grego.

Eratóstenes ativou o modo curioso e resolveu realizar um experimento um tanto simples. Cravou uma estaca no chão e ao meio-dia mediu a altura da sombra em Syene, em seguida realizou o mesmo experimento em Alexandria, que fica a 1.068 quilômetros de distância. Comparando a angulação das sombras através de uma série de cálculos matemáticos, Eratóstenes constatou que a única explicação para a diferença entre os resultados, tendo ambas sido medidas no mesmo horário, é que a Terra teria o formato de um globo de, segundo ele, aproximadamente 46 mil quilômetros.

Agora, pasmem: o primeiro cálculo de Eratóstenes foi feito a mais de duzentos anos a.C., e o que se tem de conhecimento atualmente é de que a circunferência do globo terrestre mede em média 40 mil quilômetros. Eratóstenes, se você estiver lendo isso, preciso dizer que você é o cara!

Porém, ao longo da história, outras observações e estudos foram feitos para legitimar o que havia sido pensado antes. Algumas evidências, ainda que inusitadas, fazem muito sentido. *Muito* sentido mesmo. É até possível que você possa reproduzir algumas delas. A que vou citar, por exemplo, era uma observação frequente durante a época das grandes navegações, mas você pode repetir quando for passar um dia na praia. Se for mineiro, vai precisar ir um pouquinho mais longe.

— E qual é esse exemplo, João?

Bom, podemos começar com algo bem simples: observar um navio. Se olharmos para um navio que partiu da beira do mar no sentido do horizonte e acompanharmos toda sua viagem até sumir por completo, é possível concluirmos que primeiro deixamos de ver o casco do navio, mas ainda podemos ver o mastro que se localiza na parte superior. Por que isso ocorre? Se a Terra fosse um plano, a única diferença que observaríamos do barco que partiu e do que está mais a frente seria o tamanho, porém continuaríamos vendo-o por completo. É interessante apontar que o contrário também ocorre, se nos sentarmos na beira do mar e observarmos o barco chegar. Nesse caso, veríamos primeiro o mastro e depois o casco do navio surgindo aos poucos.

O TAL DO FUSO HORÁRIO

Outra evidência do formato da Terra se dá nos fusos horários, e aqui entramos num terreno complicado, pois para que tudo isso faça sentido, a Terra não pode ser plana. E por que os fusos horários estão diretamente relacionados com o formato da Terra?

Os paralelos e meridianos são linhas imaginárias traçadas em toda circunferência do globo e utilizadas, principalmente, para localização e outros fins cartográficos. O paralelo mais conhecido é a Linha do Equador. Ela divide o globo no Hemisfério Sul e Hemisfério Norte. Já o meridiano mais famoso é o de Greenwich, que divide a terra em Hemisfério Ocidental e Oriental.

É com base nesse meridiano que são divididos os fusos, distribuídos de 15 em 15 graus. Cada grau representa uma hora e, ao todo, são 24 fusos horários diferentes em nosso planeta. É por isso que, todo ano, alguém faz a famosa piadinha: "Já é Ano-Novo na Austrália". Eles estão algumas (muitas) horas à nossa frente.

Tendo como ponto de referência o Meridiano de Greenwich, que determina o fuso zero, temos, a Oeste, ou seja, a direita, os fusos cujas horas *diminuem* em relação ao de Greenwich, e a Leste, esquerda, os fusos cujas horas *aumentam* em relação ao de Greenwich.

Alguns desses fusos recebem nomes como "horário do Pacífico", que corresponde a parte dos Estados Unidos da América (aquele que temos que checar toda vez que algum artista estadunidense vai lançar uma música nova).

Já nós, brasileiros, estamos em quatro fusos horários diferentes. É isso mesmo. Nosso país é tão grande que há quatro desses meridianos nos dividindo e atribuindo horários aos nossos estados. Temos o fuso horário de Rio Branco, que tem cinco horas a menos em relação a Greenwich (-5); o de Manaus, que corresponde a quatro horas a menos (-4); o de Brasília, considerado o oficial de nosso país, com três horas a menos (-3); e, finalmente, o de Fernando de Noronha, com duas horas a menos (-2).

Isso significa que, quando for meio-dia nas cidades que estão no Meridiano de Greenwich, como Londres, será sete da manhã em Rio Branco, oito da manhã em Manaus, nove da manhã em Brasília e dez da manhã em Fernando de Noronha.

É por isso que durante as olimpíadas de Tóquio em 2021, o seu sono ficou desregulado. As competições aconteciam durante o dia e a tarde lá, o que corresponde à nossa madrugada e manhã, já que Tóquio está nove horas à frente (+9) do horário de Greenwich.

E o que esses cálculos todos têm a ver com o fato de a Terra ser redonda? Pensa comigo: se você tem uma lanterna iluminando uma superfície plana como uma porta, a luz irá se espalhar praticamente por igual e, mesmo que não se espalhasse, alguém que estivesse no topo dessa superfície ainda conseguiria ver a luz da lanterna.

Se essa superfície for redonda como uma bola, algumas partes ficarão mais iluminadas que as outras. Será noite em alguns lugares da sua superfície e dia em outros. Se essa esfera for girada, novas partes dela serão iluminadas e passarão a ser dia. A depender de onde você estiver nessa superfície, a lanterna não será mais visível. Como você pode imaginar, essa lanterna é o Sol.

Faça esse experimento em casa. Pegue alguns alfinetes, um porta-copos, uma laranja e uma lanterna. Coloque os alfinetes no topo do porta-copos e veja como todos eles serão iluminados, independente de onde forem posicionados. Passe os alfinetes para a laranja, colocando-os em locais diferentes, e perceba que eles receberão iluminação desigual.

Eu poderia dar muitos exemplos desses, acredite em mim. Como professor, sou uma fonte infindável de exemplos e analogias para fazer com que meus alunos possam entender melhor os conceitos que explico. Mas devo dizer que uma das minhas formas favoritas de refutar o terraplanismo é explicando a teoria dos fusos horários. Mas não paramos por aí. Se para você é complicado ver a relação entre os fusos e o formato do nosso planeta, trarei mais uma evidência que também comprova os fatos.

VOA, VOA AVIÃOZINHO

Viajar de avião pode ser uma experiência um pouco traumática para muitas pessoas. É de se entender: como que uma coisa tão pesada pode desafiar a lei da gravidade e se manter estável ali nas alturas? O medo de avião é mais comum do que imaginamos e, se você é uma das pessoas que sofre desse mal, permita-me tranquilizá-lo, porque aviões são extremamente seguros. E são, inclusive, invenção de um mineiro da minha cidade, o Santos Dumont.

Mas o que eu realmente quero dizer a respeito dessa maravilhosa engenhoca é que, lá de cima, é possível ter uma visão bem ampla da Terra. Há muitas fotos incríveis tiradas das janelas de aviões que, ao subirem mais de dez mil metros, nos permitem ver a curvatura da Terra. Sim.

Curvatura. E essas evidências podem ser fotografadas usando o celular, não sendo necessário uma super câmera fotográfica para a captura. Mais uma prova de que de plana, a Terra não tem nada.

Mais uma explicação ligada aos aviões: pense no mapa-múndi. Temos de um lado as Américas, no meio a Europa e África e, do outro lado, Ásia e Oceania. Considerando essa formação, parece lógico pensar que um voo que saia da Europa em direção à Austrália, localizada na Oceania, será mais rápido do que qualquer voo direto vindo das Américas, certo?

O tempo médio de voo entre o Chile, país da América do Sul mais à esquerda do mapa, e a Austrália, é de quinze horas e meia. Já um voo saindo de Portugal pode levar quase vinte horas. Mas como, se Portugal está no meio? Quando encaramos o mapa, o vemos de uma forma plana que não corresponde com a realidade. Se pegarmos um globo terrestre, veremos que Austrália e Chile estão relativamente perto, separados pelo Oceano Pacífico. O voo que sair do Chile não terá que ir para a direita do mapa a fim de chegar na Austrália. Ele irá para o outro lado.

A TERRA NÃO É UM GLOBO?

Eu não me dou por vencido. Sou curioso, gosto de entender as coisas, inclusive aquelas que não concordo. Por isso, como já comentei, resolvi fazer o movimento de adentrar nas teorias defendidas pelos terraplanistas e encontrei algumas afirmações. Existem diferenças de modelos para a Terra Plana, mas talvez o mais famoso e que serve como base para a maioria das teorias, tem sua fundamentação teórica num livro conhecido como *"Astronomia Zetética – A Terra não é um globo"* de Samuel Birley Rowbotham, que foi originalmente publicado na forma de um panfleto de dezesseis páginas, no ano de 1849, e, depois, expandido para um livro, em 1865. Ele afirma que a Terra é um plano fechado por uma extensa camada de gelo, a Antártida.

Ele, inclusive, era incapaz de explicar muitos dos exemplos que eu trouxe aqui, como o caso do navio. Por ser um bom orador, Rowbotham construiu uma grande legião de fãs que acreditavam em seus discursos. Um deles, John Hampden, conhecido por ser um polemista cristão, ganhou notoriedade por se envolver em uma série de debates com cientistas da época. Ele foi preso após fraudar resultados de um experimento a fim de "provar" que a Terra era plana.

Como é possível perceber, os fundamentos do terraplanismo se dão sobretudo por teorias antigas que foram criadas quando muitas das tecnologias que conhecemos hoje em dia sequer existiam. E sim, eu sei que mencionei a Grécia Antiga, fazendo o que acabei de dizer um tanto contraditório. A diferença é que as teorias que surgiram na Grécia Antiga foram comprovadas pela nossa ciência atual, enquanto as teorias terraplanistas foram refutadas. Mas ainda assim, há quem acredite...

OLHA O QUE A CURIOSIDADE ME FAZ

Continuei minhas pesquisas e, me aprofundando na internet, encontrei um canal com mais de 140 mil inscritos que se ocupa em defender a teoria da Terra Plana. Engoli em seco, segurei numa mão o escudo da paciência e na outra a espada afiada da curiosidade (nasce um super-herói. Alô, Marvel, corre aqui para ver isso) e fui assistir alguns vídeos. Chocante. Vou expor aqui um pouco do que vi, sem citar nomes de canais porque não faço propaganda de desinformação.

Um dos membros do canal disse o seguinte: "Sempre sonhei com um mundo bem longe da mentira, então procuro fazer a minha parte". Mas de onde vem a tal mentira? O que motiva essa galera toda? Cento e quarenta mil pessoas. Um dos vídeos apresenta um título tendencioso em que se diz que as constatações de Eratóstenes serão refutadas. Até os métodos de medição matemática utilizados pelo cara são questionados, mesmo essa sendo uma das ciências mais antigas do planeta, além de um dos poucos pontos de consenso entre as pessoas. Você pode discutir se é biscoito ou bolacha (referência ao capítulo anterior, check), mas terá sempre que concordar que 2+2 é igual a 4. O único lugar no mundo em que essa afirmação não é verdadeira é na ficção de George Orwell, mais especificamente no livro 1984, pai de todas as edições do Big Brother. Mas vamos seguir em frente para colocar os terraplanistas na xepa.

Não tenho o propósito de popularizar ainda mais o que o movimento da Terra Plana defende, mas o que é importante notarmos é como esse movimento vem crescendo no meio da sociedade.

O canal que citei não é o único. Pelo contrário: tantos outros no Brasil e no exterior estão cada vez mais populares. E sim, temos a tendência de achar que o que baseia a teoria da Terra Plana é algo antigo ou retrógado, mas acredite, não é. Esse movimento é mais contemporâneo do que imaginamos, e o assunto movimenta milhares de pessoas em fóruns de discussão na internet.

SOCIEDADE DA TERRA PLANA

A Flat Earth Society (em tradução livre: Sociedade da Terra Plana) foi fundada nos anos 90 e chegou a reunir milhares de pessoas que acreditavam que o formato da Terra era um plano. Ao longo dos anos, os membros foram perdendo o contato, de modo a parecer até que a sociedade iria se desfazer.

Ela, no entanto, foi reativada no ano de 2004 num fórum de internet e, hoje, tem proporções inimagináveis em diversas plataformas. Sabemos que a internet é uma excelente forma de veicular informações de modo rápido. Alguém cai no tapete vermelho do Oscar e instantaneamente já surgem mil tweets do tipo "eu na segunda-feira chegando na escola". Mas essa rapidez é, ao mesmo tempo, amiga e inimiga.

As pesquisas em grandes sites de buscas cresceram bruscamente após a reativação da discussão nesses locais digitais, se é que podemos chamar assim. Apesar de em muitos lugares a internet ainda não ser um instrumento democrático por excelência em questões de acesso, caso do Brasil, é indiscutível que ela tem se tornado cada vez mais fonte de informação. Milhões de pessoas hoje se informam e consomem conteúdo, entretenimento e mídia pela internet, sendo muitas vezes sujeitos às notícias falsas e/ou fontes duvidosas.

Muitas vezes ocorre o chamado efeito borboleta, em que uma pequena ação que parece inofensiva tem consequências desastrosas. Um pequeno fórum é ativado, recebe cada vez mais acessos e, quando vamos ver, cria-se uma sociedade de pessoas que começam a refutar verdades já comprovadas pela ciência.

E como não poderia deixar de ser em um ambiente tão debochado quanto a internet, logo surgem muitos memes. A Flat Earth Society, por exemplo, passou a ser ridicularizada por meio da criação de outras sociedades que querem provar, por exemplo, que a Lua não existe. Ou que a rainha Elizabeth é reptiliana. Mas calma, falaremos das teorias de conspiração mais para a frente.

CETICISMO

Muitos terraplanistas se consideram céticos. Por muito tempo eu não fazia ideia do que significava ser cético. Aprendi em uma disciplina de Filosofia na faculdade. Basicamente, os céticos são aqueles indivíduos que buscam estritamente pela verdade e que sempre são motivados pelo que podemos chamar de questionamento, baseado em uma descrença. No caso dos terraplanistas, diriam:

— Beleza, se a Terra não é plana e isso é um fato quase que generalizado, vamos questionar.

Ser cético não necessariamente é algo negativo. Na verdade, é quase essencial na sociedade em que vivemos hoje, com uma *fake news* a cada esquina, ou melhor, a cada notificação do grupo da família no WhatsApp. Mas é necessário um questionamento crítico. Nesse caso, existem inúmeras evidências cientificas que comprovam o formato da Terra e o que esses indivíduos – que se recusam a reconhecer a verdade – fazem é se apoiar no ceticismo para basear e enaltecer teorias infundáveis.

Adentrando ainda mais no universo da Terra Plana, obviamente chegamos a uma esfera diferente do que está sendo discutido, que envolve a Política e a Geopolítica. E para entender melhor o porquê, vamos voltar um pouquinho novamente na história.

QUEM QUER SER UM ASTRONAUTA?

O Pós-Segunda Guerra foi marcado por uma bipolarização mundial entre as duas grandes principais potências do mundo na época: os Estados Unidos da América (EUA) e a União das Repúblicas Socialistas Soviéticas (URSS). Esse período ficou conhecido como Guerra Fria e consistiu em uma competição espacial, armamentista e de busca por aliados em outros países. Devido ao clima de competição para provar quem seria o melhor, houve uma série de investimentos na área da ciência e tecnologia. Era quase como aqueles duelos de dança que vemos em que fica a rodinha inteira observando enquanto duas pessoas no meio tentam provar quem dança melhor. Uma faz um movimento, a outra copia e acrescenta algo e por aí vai. Ambos, EUA e URSS, precisavam, de algum modo, demostrar a sua força uns para os outros para se constituírem enquanto a principal potência mundial.

É nesse momento que se inicia uma corrida espacial com o objetivo de viajar para fora do planeta, uma vez que isso seria a forma mais eficiente de representar o alto nível tecnológico de um país em meio a uma disputa político-ideológica. A URSS protagonizaria o primeiro grande feito da corrida espacial e do rompimento dessa nova fronteira: o espaço.

Você conhece algum cachorrinho chamado Laika? Pode ser que não conheça hoje em dia, mas, durante muito tempo, esse foi um nome bem popular para se dar aos pets. Isso porque a cadelinha russa Laika foi o primeiro ser vivo a viajar para o espaço, a bordo da nave Sputinik 2. Isso ocorreu no ano de 1957, e a pobrezinha faleceu alguns dias após partir, devido ao aquecimento da espaçonave. A URSS conseguiu enviar um ser vivo para o espaço, mas não conseguiu garantir sua sobrevivência. Foi por isso, inclusive, que nessa época tornou-se relativamente comum que experimentos espaciais fossem feitos com animais. A ideia por trás dessa ação era impedir os protestos que com certeza se seguiriam caso um ser humano fosse enviado e falecesse. Naquela época, as políticas de direitos dos animais não eram tão discutidas. #JusticeForLaika

Entretanto, conforme mencionei, a URSS não estava sozinha nessa corrida espacial. Os Estados Unidos também estavam fortemente envolvidos na disputa e, no ano de 1958, foi fundada a Administração Nacional da Aeronáutica e Espaço, vulgo NASA. Financiada pelo governo federal dos EUA, ela é hoje a principal instituição que desenvolve pesquisas espaciais no mundo.

Voltando rapidinho aos soviéticos, em 1961, o russo Gherman Titov, aos 26 anos, o astronauta mais jovem da história – recorde que mantém até hoje –, ficou conhecido como o primeiro homem a ficar mais de 24 horas no espaço, e também foi o autor da primeira foto tirada no espaço. Além dele, houve Yuri Gagarin que, aos 27 anos, viajou sobre alguns países na órbita do nosso planeta e disse a famosa frase

À ESQUERDA: Fotografia capturada pela sonda Orbiter 1 em 1966. Como pode ver, a Terra já era redonda. À DIREITA: Fotografia capturada pela sonda Orbiter LRO em 2010. Como pode observar, a Terra continuou redonda mesmo depois de tantos anos. Fonte: NASA

"A Terra é azul". Imagina como os primos deles deveriam sofrer nos jantares de família, né?

Entretanto, foi no ano de 1966, quando a NASA enviou a sonda lunar Orbiter 1 para o espaço, que se obteve a primeira imagem da Terra a partir da órbita da Lua. E adivinhe só: ELA NÃO É PLANA! Ao longo do tempo, as imagens foram se aprimorando e hoje, é possível obter fotos muito precisas que comprovam que a Terra possui o formato semelhante a uma esfera. É certo que não é uma esfera perfeita, pois as formas de relevo localizadas nas camadas mais externas do planeta são de um formato específico. O geoide, como é conhecida a forma da Terra, acompanha as mudanças gravitacionais, as formas de relevo e seus agentes modificadores.

É TUDO FALSO (E OUTROS ARGUMENTOS SEM FUNDAMENTO)

Como expliquei, os Estados Unidos e a União Soviética tiveram muitos de seus avanços tecnológicos ligados a uma disputa incansável em que tentavam comprovar que um era melhor que o outro. E é nesse fato que mora um dos argumentos que os terraplanistas mais usam para refutar a existência e realidade dessas fotos, baseado em um ceticismo distorcido.

Basicamente, o que essas pessoas fazem é duvidar que essas fotografias tenham sido de fato tiradas.

As evidências fotográficas registradas pela URSS e pelos EUA fizeram emergir um sentimento de conquista nacional e nacionalismo. É de se esperar que isso fosse essencial em meio a uma disputa entre duas das maiores potências mundiais na época. Por isso, o que alguns indivíduos questionam é se essas primeiras fotografias e registros do espaço foram forjados, justamente, para gerar ou incentivar tal sentimento. E para isso, argumentam sobre os aparelhos comuns à época e que, teoricamente, não seriam capazes de registrar imagens com alta qualidade.

Essa, no entanto, é uma ideia fácil de ser negada. Pensa comigo: todos os grandes avanços tecnológicos ficam disponíveis imediatamente para o grande público? A resposta é não. Um exemplo: o primeiro Iphone foi lançado no ano de 2007 e revolucionou o mercado dos celulares. O projeto de sua criação surgiu na Apple em meados de 2005, a partir de um protótipo de, pasmem, 1993, chamado Newton, criado para ser uma espécie de assistente virtual.

Mas enquanto toda essa tecnologia era desenvolvida, os celulares do grande público em 1993 eram do tamanho de telefones fixos e tinham uma antena maior ainda. Entende o que quero dizer? A base para essa tecnologia existia e foi aprimorada, mas nós nem ao menos tínhamos conhecimento disso. Enquanto você lê essas linhas, pode ser que o carro voador já exista: a gente só não foi informado ainda.

E essa análise tão profunda quanto possível de uma teoria tão rasa quanto o terraplanismo faz com que outra questão seja levantada.

ESTUDO OU TEORIA DA CONSPIRAÇÃO?

A disputa teórica que existe em meio a toda essa discussão é simples: seria o terraplanismo um estudo concreto, ou apenas mais uma teoria da conspiração do tipo a Avril Lavigne morreu e foi substituída? Ou que o Tiago Leifert e a Mariana Ximenes são a mesma pessoa? Como viemos parar numa discussão sobre o formato da Terra, haja vista que existem inúmeros estudos que são capazes de comprovar o contrário?

É inegável que esses primeiros registros dos quais estamos falando foram documentados e midiatizados de forma massiva e em todos os canais possíveis. E aqui chegamos a um ponto: o da informação. A mídia se torna a principal fonte de informação da maioria das pessoas por todo o planeta. Em meio a corrida espacial, é claro que os EUA e a URSS se orgulharam de seus feitos. E existe dentro da mídia algo que, ainda que tenhamos conhecimento, nem sempre é comentado: as manchetes tendenciosas, com imagens e textos construídos para fazer você acreditar em algo que não é verdadeiro.

Não estou falando exatamente das manchetes do falecido EGO que traziam notícias que, apesar de verdadeiras, não tinham grande relevância, como "Caetano Veloso estaciona o carro no Leblon" ou "Sheron Menezes 'socorre' casaco de amigo que caiu no chão molhado". Estou falando de outra coisa que, após sair do BBB, vivo com frequência: o surgimento de notícias falsas ou interpretações que poderiam ser feitas com mais responsabilidade sobre algo que falo.

"Ex participante de reality show, João, faltou à aula de simpatia". Fui tachado de sem educação numa manchete parecida com essa porque não tive como falar com um repórter. A reportagem foi ilustrada com uma foto minha de costas, como se tivesse ignorado o dito cujo. A realidade: estava atrasado, tinha acabado de sair de três meses de confinamento e não fazia ideia de como as coisas estavam. O que quero dizer com isso é que as fotos e reportagens nem sempre mostram a realidade do que aconteceu e podem sim ser deturpadas por quem as produz para parecerem algo que não são. Teria, então, algo semelhante acontecido quando os norte-americanos publicaram a foto da Terra na perspectiva da Lua? Ou quando os russos fotografaram o planeta? Não estou dizendo que eles são santos e que nunca distorceram a realidade. Nesse caso, entretanto, temos notícias que são apenas uma confirmação daquilo que já foi descoberto em diversos estudos. São pesquisas, fotos, análises, discursos, cálculos, feitos por cientistas de diversos países do mundo, todos comprovando a mesma coisa. Por esses comentários e questionamentos que prefiro acreditar que o terraplanismo é, sim, uma teoria da conspiração.

UMA IMAGEM (MANIPULADA) VALE MAIS QUE MIL PALAVRAS?

Sabe aquela foto clássica do casal voltando da Segunda Guerra e se beijando? Pouca pessoas sabem, mas naquela imagem o marinheiro e a enfermeira não eram um casal... estavam apenas saindo de um baile a fantasias numa das ruas próximas e foram fotografados.

CALMA! Eu acabei de inventar isso, mas se você tomar essa história como verdade, colocar num tweet e ele acabar viralizando, pode se tornar uma TEORIA DA CONSPIRAÇÃO.

Mas devo dizer que, de fato, a mensagem de casal apaixonado que aquela foto passa não é verdadeira. A moça que parece uma enfermeira era, na verdade, assistente de dentista. Austríaca, ela foi para os Estados Unidos em 1939, entre os judeus que conseguiram sair do país fugindo da guerra. Ela não conhecia aquele homem da foto e não sabe por que ele a beijou. Sua imagem ficou eternizada em uma cena romântica que não é verdadeira. E não, isso não é *fake news*. O nome da enfermeira é Greta Zimmer Friedman e há uma infinidade de entrevistas feitas com ela a respeito da foto.

Ela, inclusive, chegou a se encontrar com o homem da foto anos depois. E, de acordo com o fotógrafo, ele havia roubado beijos de várias mulheres diferentes. (Até que eu não estava tão errado com a minha história de festa fantasia a la carnaval). Aquela moça da foto, no entanto, ficou eternizada devido ao ângulo perfeito do clique e o fato de as roupas deles serem tão contrastantes.

E é claro que em um capítulo que aborda manipulação de fotos, teorias da conspiração e estudos científicos, eu não poderia deixar de mencionar o ataque às torres gêmeas que é, até hoje, um dos assuntos preferidos dos teóricos de conspiração. Dá uma olhadinha rápida no Twitter ou no Google que você vai ver. É mais popular do que a fanfic que diz que a Selena Gomes e o Faustão são um casal.

Antes de escrever este capítulo, estava olhando algumas notícias e novamente vi viralizar uma imagem do atentado de 11 de setembro que mostra um turista em cima de uma das torres. A foto teria sido tirada no momento exato em que o avião se chocou contra a torre. Ela é realmente impressionante e dá a sensação de "minutos antes da desgraça acontecer". Vinte anos depois, no entanto, ela foi desmentida: é apenas uma montagem, fruto de uma brincadeira de amigos e que, na época, foi parar na capa de diversos jornais.

Hoje, a manipulação de imagens já está muito mais naturalizada para nós. Diariamente, usam-se filtros que afinam o nariz e aumentam a boca nos stories. Há pessoas que não postam foto antes de dar aquela retocada na edição. A fixação pela imagem perfeita é tanta que algumas pessoas acabam exagerando. Existem, inclusive, contas no Instagram dedicadas à fofoca, que viralizam ao mostrar essas imagens de edições que deram errado.

Essas contas, inclusive, manipulam informação todos os dias e recebem alto engajamento nas redes pelo fato de as pessoas não buscarem a fundo a verdade da notícia. Isso significa que os EUA e a URSS manipularam as imagens do formato da Terra? Não. Essas imagens foram exaustivamente estudadas. E reestudadas. Ligadas a estudos das mais variadas espécies. Os terraplanistas se prendem nesse argumento porque é o que eles têm de mais consistente. Mas não se deixe levar por essa ideia. Já foi comprovado cientificamente. Dados, imagens, testes, todos se unem para afirmar o mesmo fato. O ceticismo deixa de ser válido quando é aliado a uma tentativa de simplesmente invalidar pesquisas tão sólidas. Estamos sempre do lado de Eratóstenes. Ele estava certo. O resto é conversa.

VACINAS SALVAM VIDAS

A discussão acerca do terraplanismo me faz relembrar de outra que também volta com certa frequência ao olho do público, relacionada com os efeitos das vacinas. Elas andam juntas por serem baseadas no mesmo princípio da descrença. A dúvida acerca dos efeitos das vacinas se tornou ainda mais comum durante 2020 e 2021, período em que nos vimos assolados com a pandemia da Covid-19.

Quarentena. Máscara. Álcool em gel. Isolamento. Palavras que se tornaram comum no dia a dia de bilhões de pessoas ao redor do mundo, até que uma outra palavra surgiu, como uma salvadora: vacina. Reclusa por grande parte do tempo, a população mundial ansiava pelo momento de poder sair de casa e retornar ao convívio, e ela representava isso. Durante muito tempo, nossos espaços de sociabilização foram (para muitos, mas não todos) restritos aos meios digitais.

A solução cabível e inteligente para superar a pandemia estava na esperança da vacina. Começou-se novamente uma corrida para ver quem traria a solução primeiro. Vacinas diferentes surgiram. Da Alemanha, a Pfizer; da Inglaterra, a Astrazeneca e a Moderna; dos Estados Unidos, a Jansen; e da China, a Coronavac.

Parece até lógico que todos ficassem felizes com as vacinas, certo? O caos causado pela doença chegaria a um fim. Mas como você deve saber, não foi isso que aconteceu. Movimentos anti-vacina emergiram no tecido social, com milhões de adeptos, não somente no Brasil, como no mundo inteiro.

Mas qual seria o sentido disso tudo? O que movimenta as pessoas que acreditam que não devem tomar a vacina? É importante ressaltar que esse movimento, assim como o terraplanista, não é algo novo. Há muitas pessoas que se recusam a vacinar seus filhos e seus animais de estimação por concepções errôneas a respeito do que a vacina poderá fazer com eles. Em uma era como a de 2021, no entanto, dominada por notícias falsas e por informações que são veiculadas com poucos cliques no WhatsApp, tudo tomou uma proporção absurda.

"A vacina vai colocar um chip para rastrearem você"

"Quem tomar a vacina vai virar jacaré".

Essa última frase, que parece retirada de um tweet cômico, foi dita pelo líder do Estado brasileiro em 2020. Imagine o impacto disso nas milhões de pessoas de um país que perdeu mais de meio milhão de vidas para a pandemia. Pessoas começaram a recusar a se vacinar. Protestos emergiram.

O Brasil, um dos poucos países no mundo que disponibiliza o Sistema Único de Saúde (o SUS), exemplo na segurança sanitária aos cidadãos, viu o colapso de seu próprio sistema devido à inoperância dos líderes da nação. O Estado brasileiro em exercício durante esse período, ao negar as proporções da pandemia, agia com negligência, influenciando seus seguidores a fazer o mesmo, o que custou milhões de vidas. Junte isso ao deboche pelo uso das máscaras e pelos cuidados essenciais para a superação da pandemia e sabemos o resultado.

Estranho pensar que o país que possui um sistema público de saúde não tenha conseguido pensar em perspectivas um tanto mais otimistas para esse momento. Até a data de publicação deste livro, devo dizer com tristeza que o país vivencia o fortalecimento de uma outra corrente: o negacionismo. E não, não são os céticos de quem eu havia falado, que questionam ou duvidam do que por muito tempo foi verdade, são indivíduos que se recusam a enxergar a realidade.

Quem me dera tomar duas doses de vacina e me transformar na Cuca. Ia ficar famosa no mundo inteiro como um dos gifs mais icônicos da internet. Mas brincadeiras à parte, o negacionismo entrou nas residências brasileiras na mesma proporção em que as notícias falsas atingiram as redes sociais. E aqui não estou me referindo ao episódio com o repórter que disse que eu não tenho educação, estou falando de notícias *criadas* com o *objetivo* de disseminarem uma ideia e uma concepção infundável, como a de que a vacina implementa um chip no seu braço ou que vamos virar um jacaré se tomarmos uma injeção, para dar embasamento, mesmo que falso, a uma opinião, seja ela qual for.

A POLÊMICA DA VACINA NOS EUA

Ainda sobre a polêmica da vacina, tornaram-se virais alguns tweets e trechos de entrevistas de grandes artistas norte-americanos, discorrendo acerca da aplicabilidade e eficácia da vacina. O que chamou a minha atenção nessa história é que muitos deles eram negros.

Novamente, a curiosidade entrou em ação e realizei uma série de pesquisas a fim de entender o porquê disso. Não podia acreditar que fosse uma simples coincidência: me parecia uma questão de raízes históricas. Deveria ter algum outro motivo pelo qual pessoas negras nos Estados Unidos estavam se negando a tomar uma vacina que é benéfica para a nossa saúde. Algo me dizia que estava ligado ao forte racismo existente no país. E era exatamente isso. Descobri algo que gostaria de compartilhar aqui com vocês.

Entre os anos de 1929 e 1974, cerca de 7600 pessoas foram esterilizadas nos Estados Unidos, no estado da Carolina do Norte, a fim de impedir a reprodução. Como você deve imaginar, eram pessoas negras. O motivo era o fato de elas serem consideradas intelectualmente menores. E veja bem: não estou falando de algo que aconteceu na história antiga. Seus avós provavelmente nasceram nesse intervalo de anos. A eugenia praticada na Carolina do Norte aumentava na mesma proporção que a pobreza.

Longe de mim compactuar com qualquer movimento anti-vacina que seja, porém essa pesquisa foi importante para me fazer pensar o quanto os programas científicos responsáveis por informar e educar a população são essenciais para que todos entendam o que está acontecendo, principalmente em se tratando de uma substância que é injetada no corpo das pessoas. A melhor forma de combater a ignorância relacionada com os programas de vacinação é dando informação para que todos entendam o bem que a vacina faz.

O racismo científico e ataques biológicos como o acontecido na Carolina do Norte não significam que a vacina contra a Covid-19 esteja sendo utilizada para isso, e artistas de grande alcance popularizarem discursos como esse, pode ser problemático devido ao alcance e influência que tais personalidades exercem sobre o público. É papel do Estado trazer as explicações necessárias para minimizar a aura do medo, motivada por falta de informação e conhecimento.

A IMPORTÂNCIA DE SE INFORMAR

Em alguns países europeus, caso da Itália, por exemplo, a quarentena configurou-se como um grande problema entre as pessoas mais velhas, que sentiam que estavam tendo seus direitos limitados pelo governo. Pelo histórico político do país, que sofreu com o regime fascista de Mussolini desde a sua consolidação, em 1922, até sua ruína, em 1945, o discurso da liberdade é ainda mais valorizado.

Foi necessário que o governo fizesse uma série de programas informativos explicando que o direito de ir e vir não estava sendo retirado. Era apenas uma medida momentânea como forma de combater um inimigo invisível.

Acho que não estamos vivendo um movimento ou motim popular como na Revolta da Vacina, quando houve uma revolta no processo de saneamento do estado do Rio de Janeiro, em 1904, motivada pela insatisfação das pessoas ao ser implementada a vacinação obrigatória contra a varíola. Um dos cernes da revolta estava no fato de que as pessoas temiam os efeitos da vacina, já que, naquele período, não se sabia ao certo como elas funcionavam.

Hoje, no entanto, temos vastas explicações para entender o funcionamento e a importância das vacinas. Ainda assim, vemos com frequência um movimento ascendente que não deve ser ignorado por aqueles que acreditam na ciência e na medicina. Vivemos em sociedade e as ações de alguns refletem em todos. Não é como se pudéssemos fechar o zíper da nossa bolha e ignorar tudo o que está acontecendo lá fora. Então, é importante ajudarmos a espalhar as informações corretas.

Embates como esses têm impacto na vida de todos. O negacionismo tem crescido cada vez mais e a melhor forma de combatê-lo é por meio da informação.

NEGACIONISMO E FAKE NEWS

O negacionismo refuta qualquer dado empírico e/ou pesquisa científica e se baseia em notícias falsas. Essas notícias se espalham rapidamente sobretudo porque pesquisas científicas ainda enfrentam uma grande dificuldade de divulgação. Na base dessas notícias falsas estão o conservadorismo e a dificuldade de percepção da realidade.

As chamadas *fake news*, que você já deve ter cansado de ouvir falar, são uma forma de imprensa sensacionalista que, por meio da distribuição deliberada de boatos, informações sem pesquisa e mentiras, buscam inflamar uma camada da sociedade a fim de causar determinados comportamentos.

Elas são tão poderosas que podem ter resultado direto em eleições, por exemplo. É um conteúdo diferente da paródia ou da sátira, porque no caso desses, quem lê percebe que aquilo é um exagero intencional. As notícias falsas são construídas para parecerem verdadeiras.

É importante aprender a identificar essas notícias e, por isso, fica aqui uma sugestão rápida de como fazê-lo. Antes de mais nada, cheque a fonte da notícia. Veja o nome do jornalista responsável e do veículo de comunicação, analise qual a missão desse veículo e a sua reputação.

Procure ler a notícia completa e não somente as manchetes. Essa é uma prática cada vez mais comum, porque, vamos falar a verdade, né? Muita gente tem preguiça de ler. Há muitos títulos enganosos que são construídos para fazer com que o leitor clique para saber mais, o famoso *clickbait*. Se você se informa só pelos títulos, corre risco maior de ser enganado.

Quando se deparar com uma notícia estranha, verifique a data e, depois, procure por outros sites que tenham falado sobre o mesmo assunto. Quando está em somente um site, há chances maiores de ser uma *fake news*.

E, principalmente, duvide de áudios compartilhados no WhatsApp sem fonte alguma, ou de imagens em que não aparece o nome do responsável pela sua reprodução. Pense duas vezes antes de compartilhar algo. Há muitos sites dedicados a combater notícias falsas, que existem para analisar parte por parte da notícia e refutar seus princípios.

Aproveito aqui para fazer um relato pessoal: por vezes, não consigo acreditar que esteja vivendo numa realidade paralela, onde vacina não é importante, a terra é plana e a pandemia é uma gripezinha.

De certo modo, existem muitos indivíduos que compactuam com essas ideias e as reproduzem cotidianamente. A mente de um negacionista se projeta a sempre negar a ciência e ir contra estudos que sejam científicos. A bióloga Natalia Pasternak, primeira brasileira a integrar o Comitê para Investigação Científica de Alegações do Paranormal e que atuou intensamente, durante a pandemia do Covid-19, para combater as desinformações geradas em massa nas redes sociais, tem uma frase que acredito ser perfeita para finalizar este capítulo: "não se trata de ignorância inocente. É mentir em nome de uma agenda política ou ideológica. [...] Negacionismo é propagação intencional da mentira". E nesse momento, existe um único movimento que pode superar esses problemas. É o movimento de direcionamento da educação, informação e instrumentos de conhecimento. Um grande desafio.

4 FILHO, POSSO LAVAR ROUPA?

Clima e Tempo são palavras muito presentes no nosso dia a dia, ainda que nem sempre sejam utilizadas de forma correta. E olha que tanto uma quanto a outra são importantes, ao menos para mim, para decidir coisas como que roupa vou usar para sair de casa. Será que posso colocar shorts? É melhor levar a jaqueta? O guarda-chuva deve ou não ir para a bolsa? O cachecol será necessário? Sem mencionar a dúvida que surge quando, após meses programando uma viagem, esbarramos na escolha: queremos frio ou calor?

Nessas horas, é quase automático consultar a *Previsão do tempo* nos jornais, na televisão, em algum site da internet ou no próprio aplicativo do celular, nem que seja para reclamar da falta de precisão. A clássica pergunta é lançada ao universo: será que vai fazer frio ou calor?

A ideia de prever como será nosso dia – chuvoso, ensolarado, frio, nublado, abafado ou calorento – faz parte da nossa vida e, muitas vezes, é fator decisivo para a programação do dia: ninguém combina de ir ao parque com os amigos se a previsão do tempo diz que há ameaça de chuva. A possibilidade de adiar, por exemplo, a ida ao cinema é real se o aplicativo de previsão do tempo indica temperaturas altas o suficiente para aproveitar um dia de calor tomando sorvete ou indo à praia. E quem nunca desmarcou um rolê porque a chuva virou temporal, que atire a primeira pedra.

Nessas horas, a melhor companhia vira o sofá, com um filminho e um belo balde de pipoca. Estou errado?

Pois bem, não há como fugir do clima no nosso cotidiano. E, no meu caso, que escolhi geografia como curso de graduação, frio, calor, sol e chuva despertam ainda mais a curiosidade das pessoas e me tornam um especialista aos seus olhos. A começar pelos meus pais: quando ingressei na faculdade, tive de me mudar de cidade e acredite, bastava uma pontinha de dúvida para minha mãe me ligar querendo saber se ia de fato chover ou se ela poderia aproveitar o sol que fazia na cidade em que ela estava. Mesmo à distância, ela me transformava em "homem do tempo" para definir que rumo seguir com as roupas que tinha para lavar, ou para resolver questões fora de casa.

— Mas você é professor de Geografia, João! Minha mãe nunca vai me consultar para saber se vai chover ou não... e se estiver em dúvida, ela pode usar o celular.

É, pode até ser. Assim como ninguém vai querer saber se você sabe de cor todas as capitais do Brasil e se tem na ponta da língua os números do último censo geográfico do país. Mas saber olhar para o céu e afirmar com clareza se vai chover ou não, e entender que clima e tempo são duas coisas bem diferentes é mais interessante e útil do que você pode imaginar. No mínimo vai servir para você puxar conversa da forma correta no elevador, certo?

Palavra de professor: ao final deste capítulo, você vai entender perfeitamente e sem complicações por que as avós nunca erram ao não nos deixarem sair de casa sem ouvir a famosa frase:

— Menino, pega a blusa que vai esfriar!

Ainda que, lá fora, faça um calor de 40º C, você sabe que inevitavelmente, ao cortar para o fim do dia, repetirá para você mesmo:

— Ainda bem eu ouvi minha avó e trouxe blusa!

Enquanto lá fora faz frio, chove e venta.

AFINAL, O QUE É CLIMA E O QUE É TEMPO E POR QUE EXISTE O CLIMATEMPO?

Clima é o que está acontecendo entre a gente e tempo é o que estamos perdendo. (Precisei fazer essa piada, foi mais forte do que eu.)

Calma, não é bem sobre esse clima e esse tempo que vamos falar. Também não vou ensinar maneiras de conquistar seu *crush*, peço desculpas. Vou ficar devendo essa. É importante ressaltar também que falamos de outro tempo. Não me refiro ao tempo das coisas, da cronologia, dos segundos, minutos e horas, ou que sua tia sempre encaixa naquela frase um tanto quanto puritana "no meu tempo era diferente", enquanto você lembra que existiram coisas como Woodstock e banheira do Gugu. Aqui, vamos acionar a noção de tempo atmosférico. Sim, o tempo relacionado à atmosfera, a camada de ar do nosso planeta.

É na atmosfera que ocorrem os ventos, as chuvas, as nuvens, o calor e o frio. Por isso, quando a gente recorre à previsão do tempo para saber se podemos ir à praia ou cachoeira sem nos preocupar com chuva, se devemos levar casaco para o trabalho ou se dá para planejar um churrasco, é do tempo atmosférico que estamos falando. Ele será responsável por nos contar o que acontece naquele momento. Aliás, guarde essa palavra porque ela será importante: momento.

O tempo atmosférico, que se refere ao momento, pode mudar totalmente em questão de horas. Sabe quando você acorda e está um sol gostoso, mas, na hora de dormir, cai um verdadeiro temporal? A partir de agora, lembre-se que essas mudanças se referem ao tempo. E o tempo pode ser relacionado com a palavra ESTADO (do verbo estar): "Está chovendo"; "Está frio". As variações são muitas e num jogo linguístico de ser e estar, é mais comum falarmos "chove em Manaus" do que "choveu em Manaus", por exemplo, pois chover é uma característica que define o clima daquela região. E já que tocamos no assunto, vamos falar a respeito do clima?

Essa é uma definição mais complexa, mas vamos lá. Ao falarmos de clima, nos referimos a características comuns a um lugar ao longo de, pelo menos, trinta anos. Sim, *trinta* anos. Esse é o tempo médio para que possam ocorrer alterações climáticas. É como se, durante esses trinta anos, observássemos o tempo diariamente para perceber quando, e se, chove, quando faz mais frio ou mais calor, qual a amplitude de mudança da temperatura ao longo do ano... O conjunto dessas observações forma o clima de um determinado lugar.

Por isso, eu posso afirmar que todo ano vai chover muito no verão em São Paulo. Sim, *todo ano*. Essa é uma afirmação um tanto óbvia e quase internalizada para os paulistas, mas pode ser um choque para quem é de outra região. "Ó... tá chegando o verão hein, vai chover!". Uma frase clássica de quem vive em São Paulo.

O mesmo raciocínio sobre o verão, no entanto, não se aplica ao interior do Nordeste, onde o volume de chuvas é bem menor nessa época do ano e muito mais intenso no inverno. Isso acontece porque as características climáticas das regiões Sudeste e Nordeste são diferentes umas das outras.

E pode ser que, bem aqui, você esteja com um grande ponto de interrogação na testa. Afinal, o que aprendemos é um panorama geral das estações do ano. No verão faz calor, durante a primavera vemos as flores crescerem, o inverno é a estação do frio e o outono é sempre igual, as folhas caem no quintal. Desculpa, não pude resistir. Mas a verdade é que, ainda que em alguns países as estações sejam bem marcadas, há lugares que não seguem o mesmo parâmetro. As características dessas estações diferem daquelas que aprendemos como padrão e, em alguns casos, a primavera e o outono podem se tornar quase estações de transição.

Por que isso acontece? Para explicar, vou fazer uma comparação com a nossa personalidade. Cada pessoa tem uma personalidade única, certo? E há, além disso, algumas características que são facilmente percebidas nas pessoas que, não necessariamente, se mantêm iguais todos os dias. Por exemplo, eu me considero uma pessoa extrovertida e muito comunicativa, mas em alguns dias estou um pouco mais introspectivo e não quero muito papo. O clima é como se fosse a personalidade da atmosfera. Isso significa dizer que ele é, simultaneamente, a essência dela e a forma como ela se comporta nas mais variadas situações.

Já o tempo atmosférico seria o humor, que pode oscilar a cada momento. Então, assim como a intensa sucessão de humores e comportamentos diários delineia nossa personalidade, o clima pode ser entendido como o conjunto, ou a média das mudanças que ocorrem no tempo atmosférico ao longo dos anos. Desta forma, para definir o clima – ou a personalidade – de algum lugar, é necessário analisarmos ao longo dos anos as mudanças no tempo.

O clima, então, está relacionado a uma série de fatores como a temperatura, a umidade do ar, a pressão atmosférica, a latitude, a altitude, as massas de ar, o relevo, a vegetação e as correntes marítimas. Esses são dados que, geralmente, ignoramos na previsão do tempo, mas que são fundamentais para entender as muitas mudanças climáticas que têm ocorrido ao longo dos anos em nosso planeta. Em conjunto, esses elementos e fatores compõem, mas não necessariamente definem, as características climáticas de um lugar.

Certa vez, um aluno me perguntou qual a maior cadeia de montanhas do mundo, e eu respondi:

— O Himalaia.

E ele disse:

— Então lá deve ser calor, né, professor? Porque é mais perto do Sol...

O raciocínio dele, em princípio, não estaria errado. Afinal, se é sempre muito calor em dias ensolarados, parece óbvio que quanto mais próximo do Sol e, portanto, mais alto estivermos — como no ponto mais alto do Himalaia —, mais quente a temperatura seria, certo? Errado. Infelizmente, não é assim que funciona.

A altitude, que é definida como a distância vertical entre um ponto e outro na superfície terrestre, exerce grandes influências nas características climáticas de um lugar. Ainda que possa parecer muito mais lógico o raciocínio de quanto mais alto formos, mais calor sentiremos, não é assim que funciona na realidade. A proximidade com o Sol não é o único fator a determinar as temperaturas, e vamos entender melhor o porquê.

Ainda que possa parecer, o calor que sentimos na superfície terrestre não é resultado da ação direta dos raios solares. Sinto informar que as propagandas de protetor solar podem ter enganado você. Mas isso não quer dizer que o Sol não emita calor e que todas as suas crenças sejam mentira (nem que você deva parar de usar protetor solar, hein?). Eu vou explicar melhor cada um desses conceitos. Vamos transitar pela geografia e pela física, mas prometo que o farei da forma mais didática possível.

Como em todo problema de Física das provas de vestibular, terei que usar palavras como refletividade, incidência, raios solares e outros termos que, quando combinados, assustam mais do que aquele que não deve ser mencionado dos livros do Harry Potter ou ficar mais do que cinco anos sem um álbum novo da Rihanna. Vamos com calma.

POR QUE EU SEMPRE SINTO FRIO QUANDO SAIO DO BANHO?

Antes de falarmos de todos esses termos e explicarmos melhor porque você não vai derreter de calor se subir no topo do Himalaia, vamos definir algumas coisas básicas.

Você já sentiu um friozinho ao sair do banho? Ou aquele ventinho gelado na hora que abre a porta e vai trocar de roupa? Isso provavelmente acontece quando você toma um banho bem quente, daqueles de formar vapor no box do banheiro. Pontos extras se você aproveitou esse momento para escrever seu nome de forma dramática no vidro embaçado.

Pois bem, você não está sozinho nessa. Também não é só impressão, coisa da sua cabeça ou sinal de que você é muito friorento. Você, de fato, sente frio ao sair de um banho quente, mesmo se estiver fazendo 30ºC lá fora e já, já eu te explico o motivo, é que para você entender o frio presente em todos os pós-banhos, preciso explicar alguns conceitos importantes antes. O lado bom disso tudo é que a mesma explicação para o que acontece dentro de casa vale também para o que está do lado de fora, com um pouco mais de emoção do que a água do chuveiro. Estamos falando de vento, chuva, tempestades e até furacões.

A começar pelo vento. Você já se perguntou de onde ele vem? Como se forma? Se vem em tipos? Tem coisas que parecem inexplicáveis, né? Tipo: De onde vem a água? O que é o Sol? Por que a Terra não é plana? Bom, a última já discutimos, né? Mas, nosso ponto central aqui são os ventos. Como você definiria o vento? Tudo bem não saber.

Ele nada mais é do que ar em movimento.

— Ahhhhhh... sério que é isso?

Sim. Exatamente isso, simples não é mesmo? NÃO.

Vamos por partes. Agora que você já sabe a definição mais simples de vento, bora para o próximo questionamento. Por que o ar se move? Mesmo quando parece estar parado, como num dia que nem as folhas das árvores balançam, o ar se movimenta?

(Se continuar nesse ritmo, este capítulo vai ficar com cara de fofoca que não pode ser contada...)

Calma, calma. Vou contar tudo em detalhes, então não precisa sair correndo para tweetar: "Fofoca contada pela metade quase mata fofoqueiro", ok? O ar se move por conta da pressão atmosférica, que veremos com mais detalhes a seguir. Por ora, lembre-se que a atmosfera é a camada de ar da Terra, que vai de centímetros de onde nós pisamos, passando pelo ar que a gente respira, até as alturas onde os aviões viajam. Tudo isso é atmosfera.

ESTAMOS TODOS SOB PRESSÃO

O calor que sentimos é resultado do contato dos raios de sol com a superfície, combinado com a porcentagem deles que é refletida para nós. Já reparou que quando você sai de casa usando roupa preta, parece sentir mais calor do que se estivesse usando branco? Isso não é coincidência. Cada material, cor e superfície absorve e reflete determinada quantidade de radiação solar, o que é chamado de albedo. O preto absorve mais luz e, por isso, sentimos mais calor. O branco absorve menos luz e, então, parece que a sensação térmica é de menos calor.

Voltando para o nosso exemplo do Himalaia, lá temos uma cadeia montanhosa coberta de neve. A neve possui uma capacidade altíssima de refletir a luz solar, podendo chegar a até 90% de refletividade, o que significa que ela retém menos calor. Então, ainda que essas montanhas sejam mais próximas de distância do sol, o calor sentido ali será menor. Já o asfalto reflete em média de 5 a 20% das radiações solares e retém mais calor. Lembra-se daquela cena de Todo Mundo Odeia o Chris em que eles fritam o ovo na calçada? Agora faz muito mais sentido, não?

É por isso que, por exemplo, no mundo da moda, o verão é tão associado com cores mais claras, enquanto o inverno é geralmente relacionado com cores mais escuras. Pois vou acionar o meu modo *stylist* e aconselhar você a não sair de casa de preto no calor. Deixe seu lado gótico pra outro dia.

Eu sei, agora você deve estar pensando que, ainda assim, faria mais sentido as temperaturas serem mais altas no topo da montanha. O que acontece é que há outro conceito que precisamos falar antes de entender essa história por completo, chamado pressão atmosférica. Ela nada mais é do que o peso que o ar faz sobre a superfície terrestre.

— Mas como assim, João? O ar tem peso?

Sim, o ar tem peso e quanto mais alto estamos na superfície terrestre, menor é a pressão atmosférica. Por quê? Imagine o ar como uma grande coluna. Quanto mais alto estivermos, menor será essa coluna em cima da Terra. Quanto mais perto da altura do mar formos, ou seja, para baixo, maior será essa coluna. Quanto maior for a coluna, ou pressão atmosférica, mais quentes serão as temperaturas e, quanto menor for a pressão, mais frio ficará.

Quando estamos em lugares com menor pressão atmosférica, o ar fica mais rarefeito, ou seja, menos concentrado, o que dificulta a respiração de seres vivos. Há um caso clássico no mundo futebolístico envolvendo a cidade de La Paz, capital da Bolívia. Toda Libertadores é a mesma coisa: jogadores reclamam de ter que jogar no estádio da cidade, devido à alta altitude. E qual é o problema disso?

Esportes de alto desempenho exigem muito do corpo de um atleta. Rapidez de disparo, respiração controlada, correr, parar, correr. Quando, no entanto, estamos em altas altitudes, a disponibilidade de ar fica mais baixa. Só andar já se torna difícil, imagina, então, entregar alta performance em um jogo importante. O coração começa a acelerar, a respiração se torna ofegante, a sensação de tontura aparece. Semelhante ao que acontece conosco quando vemos um post novo do *crush* biscoitando nas redes sociais.

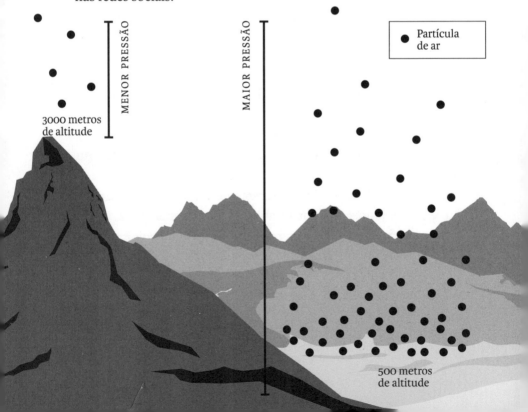

Se esse papo de futebol não é muito a sua praia, vou usar um exemplo do nosso dia a dia: as garrafas térmicas. Comuns quando vamos passar aquele cafezinho da tarde, elas podem nos ajudar a entender o funcionamento do ar rarefeito. O objeto é construído com paredes de vidro e uma tampa isolante que mantém o ambiente interno praticamente em um vácuo. Assim, as trocas de calor com o ambiente externo são minimizadas, conservando a temperatura interna do líquido da garrafa (seja quente, ou frio).

Se você tiver uma garrafa térmica na sua casa, pegue para analisar. Não, não é para você destruir a garrafa, apenas observe os materiais com que ela foi feita. Pois é, entender é sempre mais fácil sentindo na prática, vendo com os próprios olhos. Você poderia ir até o topo do Himalaia ou jogar uma partida em La Paz para compreender melhor o que digo, mas não precisa: ver alguns vídeos disponíveis na internet já deve ser o suficiente.

Eu sei que pode parecer um pouco complicado de entender o funcionamento desses elementos e fatores climáticos, porém o que interessa é termos a percepção de que o clima e o tempo se diferem de diversas maneiras e apresentam comportamentos diferentes, um enquanto uma característica intrínseca a um lugar e outro enquanto algo momentâneo.

E LÁ VEM A FRENTE FRIA

Pode ser que a primeira vez que você tenha ouvido falar nos termos que apresentei tenha sido por meio de algum jornal na televisão, ou de uma clássica manchete que anuncia uma frente fria chegando ao Brasil. Mas você sabe o que é uma frente fria?

Tão comuns no nosso dia a dia, mas tão pouco explicadas por quem as menciona, as frentes frias têm local de nascimento: surgem na Antártida, o continente mais gelado do mundo. A temperatura mais baixa do nosso planeta foi registrada lá: -93,2ºC. Não há chá de vó que ajude a superar esse frio todo. A neve não derrete na maior parte do continente, fazendo com que ele seja uma grande geleira, literalmente. E como as frentes frias saem de lá e chegam no Brasil? Devido às massas de ar.

As massas de ar podem ser entendidas enquanto grandes volumes de ar com características semelhantes de temperatura e umidade que se localizam sobre os oceanos e continentes. Por exemplo, massas de ar formadas na Antártida possuem a característica de serem mais frias, do mesmo modo que aquelas formadas próximo à linha do Equador possuem como característica serem mais quentes. Elas cobrem centenas ou milhares de quilômetros e podem se movimentar sobre eles. As massas de ar frio recebem o nome de massas polares, enquanto aquelas de ar quente são chamadas massas de ar tropical.

E a frente é, basicamente, a zona que define a fronteira entre duas massas de ar com características distintas que estão se deslocando. É comum que nessa zona se formem nuvens que causem precipitações, a famosa chuva. É melhor não colocar as roupas no varal nessa hora, mãe, e eu te explico por quê.

Ainda que seja comum associarmos a frente fria com chuva e temporais, o que define se, de fato, irá chover são as diferenças entre as características das duas massas de ar. Quanto maior for a diferença entre elas, maiores serão as probabilidades de chuvas e de temporais. O fato é que, muitas vezes, a expressão "frente fria" não aparece sozinha. Ela é associada a diversos termos técnicos cuja definição desconhecemos e foge completamente do nosso objetivo ao ler as notícias. Eu sei. Você só precisava saber se vai fazer frio o suficiente para precisar de touca e cachecol e, de repente, se vê mergulhado em um mar de palavras que jamais surgiriam na sua cabeça durante um jogo de stop. Ou adedanha. Ou adedonha. Será que voltamos ao capítulo 2?

Mas acredite em mim, é interessante saber mais sobre o funcionamento das frentes frias e quentes. Não somente você terá uma carta na manga quando alguém falar alguma besteira sobre tempo ou clima, mas também poderá se tornar o senhor do tempo. Exagero da minha parte, é claro, mas vamos ao que interessa.

MORO NUM PAÍS TROPICAL...

Sabe a famosa canção *País tropical*, de Jorge Ben? Mais do que uma música divertida para ouvir no carnaval, ela traz aprendizado. De fato moramos em um país tropical, e isso foi definido pela sucessão de tempos e características climáticas a ele associado. Ainda que essas características possam sofrer variações a depender da região do Brasil em que nos encontramos, de forma geral, elas nos enquadram nessa categoria.

De uma forma ou de outra, estamos muito ligados ao tempo atmosférico, que se relaciona de forma mais direta com os nossos compromissos diários. Mas é importante estarmos atentos, pois nossas ações, assim como das empresas e dos meios de produção de forma geral, têm impacto nas mudanças climáticas. Essas ações podem variar desde a geração de lixo, a gases tóxicos que são emitidos a medida em que a produção cresce desenfreadamente. Mudanças climáticas não são acontecimentos esporádicos que acontecem uma vez ou outra: elas fazem parte do nosso dia a dia.

E, agora, acredito que você consiga entender porque são chamadas de mudanças climáticas, né? Lembre-se de que o clima é determinado por um intervalo maior de tempo. E sim, nossas ações têm impacto no futuro desse clima. Um exemplo comum é quando estamos no centro das cidades e nos deslocamos para áreas mais arborizadas e com menos intervenções urbanas. É perceptível a alteração na sensação térmica e na temperatura, principalmente em grandes centros como São Paulo, Belo Horizonte, Salvador, Manaus... Ao analisar as características da paisagem dessas cidades, encontramos um ponto comum: em sua maioria apresentam impermeabilização do solo com asfalto ou outro material de pavimentação, formam um grande conglomerado de veículos, movimentam pessoas, são grandes centros de comércio e, dessa forma, produzem muito mais lixo e emitem mais gases.

OS PROBLEMAS DA URBANIZAÇÃO

Você já teve a sensação de sentir mais calor quando caminha por ruas mais movimentadas? O rosto esquenta um pouco. Você tira o casaco, caminha mais devagar, se pergunta onde está a garrafa de água e verifica a temperatura no celular para se certificar de que é mesmo um dia de frio.

O que sentimos nessas cidades não é um simples calor decorrente do fato de termos caminhado bastante. Locais como esses grandes centros formam as chamadas ilhas de calor. Não, não... não é um paraíso lindíssimo que faz muito sol e você pode curtir, aqui o babado é forte. As ilhas de calor podem ser encontradas em grandes centros urbanos que possuem características como uma grande concentração de asfalto e concreto. A temperatura média nesses locais costuma ser maior quando comparada com a de áreas rurais. E por que isso acontece?

Pois então, lembra do albedo? A capacidade que os materiais possuem de refletir a luz solar ou reter calor? Nas grandes cidades, esses materiais com albedo mais baixo – ou seja, que retêm mais calor e refletem menos os raios solares – compõem a maior parte da paisagem. Isso faz com que grande parte do calor fique concentrado, formando as ilhas de calor, que são áreas que concentram temperaturas mais elevadas em relação às áreas do entorno. A região do centro de São Paulo é mais quente do que áreas mais arborizadas, por exemplo.

E não são só esses os problemas apresentados em regiões que contam com uma maior concentração de pessoas. Falar sobre tempo e clima nos faz pensar também no impacto que a urbanização traz para o meio ambiente. Em regiões onde há um número maior de fábricas, por exemplo, são emitidos mais gases.

Um exemplo clássico no nosso país é a cidade de Cubatão, localizada no estado de São Paulo. Se você nunca ouviu falar, um pequeno contexto: em 1980, ela foi apontada pela ONU como a cidade mais poluída do mundo. Tem cerca de 130 mil habitantes e é conhecida, sobretudo, por ser um grande polo industrial. O problema era tão sério ali que se referiam à cidade como o "Vale da Morte". Felizmente, as indústrias da cidade, em conjunto com sua comunidade e o governo, implementaram iniciativas ambientais que ajudaram a controlar 98% dos níveis de poluentes do ar.

Os gases emitidos por essas fábricas e pelos veículos, por exemplo, são responsáveis por aumentar os índices de poluição. Quando esse índice está muito elevado, há maiores possibilidades de ocorrerem problemas como a chuva ácida, que é responsável por deteriorar superfícies e mudar o ecossistema. Ela representa um risco para os seres vivos e pode contaminar a água que bebemos. Mas, como? Ao entrar em contato com a água da chuva, esses gases formam ácidos que contaminam o solo, destroem vegetações, construções e podem até provocar contaminação nos lençóis freáticos.

O fenômeno da chuva ácida, muito comum nos centros urbanos, parece quase um problema sem solução, se levarmos em consideração a forma como a urbanização ocorre nas grandes cidades. Mas então, quais seriam as soluções para minimizar e resolver o problema? Alternativas como a utilização de meios de transportes mais flexíveis e ecologicamente sustentáveis podem ser soluções cabíveis.

O que é necessário acionar de alerta para todas as pessoas é que esses fenômenos como as ilhas de calor e a chuva ácida, não são tão perceptíveis aos nossos olhos quanto um deslizamento de terra, mas, ainda assim, são extremamente prejudiciais ao meio ambiente e cumprem um papel definidor no quesito das mudanças climáticas. O mesmo ocorre com algo que sempre está sendo noticiado em grandes veículos midiáticos: a Camada de Ozônio, uma camada de gases que envolve a Terra e nos protege.

COMO ANDA O PROTETOR SOLAR DA TERRA?

— Uai, João, você não acabou de dizer que os gases são prejudiciais e podem gerar chuva ácida?

É, meu querido, é nesse momento que aquela frase que toda avó fala começa a fazer sentido: nada que é demais é bom, certo? E dependendo do lugar por onde a gente anda, podemos gerar problemas para nós mesmos e para os outros.

A camada de ozônio funciona como uma espécie de cobertor para a Terra. Ela é a responsável por filtrar os raios solares que chegam à superfície terrestre, protegendo os seres vivos e a vegetação. Fazendo uma comparação que sei que agradará os mineiros, a camada de ozônio é como um bule de café. Mesmo após o café ser torrado e moído para obter-se o pó, esse não é o produto final que vamos consumir. Ele ainda precisa ser coado, e o pó que não for usado será jogado fora. É isso que a camada de ozônio faz, filtrando mais de 90% dos raios ultravioleta emitidos pelo Sol.

Imagine, então, os muitos riscos que corremos quando gases considerados nocivos encontram os de ozônio, provocando reações que fazem com que ele seja eliminado, abrindo os famosos buracos na camada de ozônio. Isso significa que a radiação solar vai vir direto até nós, sem que seja feita uma filtragem antes.

Mas vale ressaltar que esse fenômeno ocorre também de forma natural nas regiões do Ártico e da Antártida, uma vez que o frio causa a transformação química dos elementos presentes no ar que reagem com o ozônio da camada. Outro fator que causa a fragmentação e formação natural da camada é a ação direta dos raios UV sobre ela. O problema é que o buraco só cresce devido às ações dos seres humanos. O processo que antes fazia parte de um ciclo natural tornou-se um problema, já que o buraco passou a não fechar nos períodos em que isso aconteceria, por conta dos gases nocivos que destroem o ozônio mais rápido do que ele se cria.

Uma das formas encontradas para diminuir o impacto negativo na camada foi por meio da substituição de gases poluentes – como o CFC – por outros considerados menos nocivos.

Então, mãe, pai, escrevo para vocês uma coisinha, considerando que nossas dinâmicas de tempo e clima têm sofrido intensas alterações ao longo desses anos. Eu acho que seria interessante não seguir as vacas no pasto perto de casa para saber se vai chover ou não. Se você é uma cria da cidade grande, provavelmente acha que eu enlouqueci. Mas quem mora no interior ou tem conhecidos que moram por lá, já deve ter ouvido a crença de que os bovinos sabem quando vai chover. Fiquei curioso para procurar, até encontrei umas coisas a respeito, mas é melhor deixar para falarmos disso em outro momento, senão a calopsita na capa desse livro fica com ciúmes.

Porém, meu amigo, uma coisa eu espero que você tenha tirado de proveito deste capítulo: o tempo é dinâmico. Então, se acostume a sentir calor e frio no mesmo dia, num constante tira casaco, bota casaco no pique Karatê Kid. E agora, toda vez que alguém disser para você que o clima está quente, tenso ou que você quebrou o clima, lembre-se de que não é sobre o clima geográfico que estamos falando. Mas está tudo certo, dá para a gente usar essas expressões tranquilamente porque a língua portuguesa permite isso. Agora que você leu o capítulo 2, sabe bem a respeito. É bem possível simplificar muita coisa e estudar de uma maneira divertida, percebendo o quanto a geografia é incansável.

COMO A TEMPERATURA AFETA A PRESSÃO

Tudo se encaixa na geografia. Lembra que bem no comecinho deste capítulo falamos sobre pressão? É hora de retomarmos esse papo da forma que eu mais gosto: relacionando com comida.

Sabe quando apertamos um sachê de catchup para que o líquido saia direto em nosso hambúrguer, batata frita ou pizza (sim, normalize o catchup na pizza)? Entendemos nesse caso que o ato de pressionar diz que precisamos fazer força sobre algo, um objeto. Quando pressionamos os sachês, o tubo da pasta de dente, do álcool em gel, fazemos uma força diferente em cada um deles para o conteúdo sair, certo? A pressão atmosférica ocorre da mesma forma: é diferente em lugares diversos do planeta. Há locais em que o ar faz uma mega pressão sobre a superfície, enquanto em outros a pressão é menor, conhecida como baixa pressão.

E, como comentamos um pouco antes neste capítulo, a pressão atmosférica é entendida como um dos elementos climáticos e quem manda nela é a temperatura do ar.

Podemos dizer que quando o ar está mais gelado, ele é denso, pesado, pois o frio faz com que as moléculas que formam o ar se aglomerem, do mesmo jeito que, quando está frio, você quer ficar grudadinho em alguém para se esquentar. É isso que as moléculas fazem. Elas se juntam em um espaço pequeno, ficam mais pesadas e forçam mais o ar, se tornando um centro de alta pressão.

Ó, faz um exercício aí na sua casa: pega farinha de trigo (não precisa pegar muito porque faz sujeira e desperdiça, nós não queremos isso), pode ser uma colher de sopa apenas. Agora coloca na mesa ou na pia. Se você tocar de leve seu dedo em cima, não vai acontecer nada, afinal quase nenhuma pressão foi feita sobre a farinha, mas se você pegar dois dedos e bater com mais força em cima desse montinho, provavelmente ele vai se espalhar para mais longe. Sabe por quê? Porque você aumentou a pressão, ou seja, expulsou o trigo que estava parado ali. É assim que alta pressão funciona.

Já com o calor é meio que o contrário, né? Pensa naquele calorzão de 30ºC para cima. Estando todo suado, você ia querer se aglomerar com mais cinco pessoas num lugar pequeno? (Gosto nem de pensar, só de imaginar já estou passando mal, socorro.) Quanto mais calor está, mais espaço você quer. É a mesma coisa com o ar.

Dessa forma, conseguimos entender como a temperatura afeta a densidade do ar. Ao se aquecerem, as moléculas se agitam e se distanciam. Nesse caso, o ar quente se expande e aumenta de volume. Ao se expandir, ele fica menos denso, portanto, mais leve, e tende a subir. O contrário é verdadeiro, como já vimos: no caso do ar frio, as moléculas comprimem e tendem a descer.

E o motivo todo mundo já conhece: o ar quente sobe e o ar frio desce. Bem que o clássico da banda *As Meninas* poderia ser assim – e se você não pegou a referência, desculpe, mas assumo aqui que sou *cringe* demais, e com orgulho! O ar-condicionado, por exemplo, é sempre instalado na parte superior das casas, pois tem o objetivo de resfriar o ar quente, enquanto os aquecedores são sempre instalados na parte inferior das residências, pois tem o objetivo de esquentar o ar frio. Um em cima, o outro em baixo.

Você deve estar se perguntando agora:

"Ok, mas o que o exemplo do banho que você deu lá no início tem a ver com tudo isso que você falou?"

Coisa de professor, né? A gente pega um exemplo do dia a dia e sai emendando com outro assunto relacionado à matéria para segurar a atenção do aluno. No caso, eu quis segurar a sua atenção durante este capítulo que, confesso, pode ser um tanto quanto complexo de entender. Mas temos que concluir os assuntos que começamos. Vamos finalizar, então, descobrindo qual a relação entre o seu banho, o ar, a chuva e o vento.

AMBIENTES DE ALTA E BAIXA PRESSÃO

Imagine-se tomando um banho quentinho. O ar dentro do banheiro está quente, então a pressão está baixa. E fora do banheiro? Fora do banheiro o ar está menos quente (podemos chamar de mais frio também). Se fora do banheiro está frio, então a pressão está maior. Se o ar está fazendo mais pressão, então o ar de fora está pesando para o lado onde não tem tanta força, no caso, dentro do banheiro. É por isso que, na hora que você abre a porta, vem aquele vento gelado em cima de você, recém-saído da sua quase sauna em forma de banho, tão relaxante. E aí, é hora de dar tchau para o relaxamento e oi para a gripe! Cuidado. Nos dias de inverno, o ideal é levar as roupas quentinhas para dentro do banheiro e se trocar antes de sair, ok?

O mesmo acontece em dias de calor: se você estiver dentro de um carro ou busão com ar-condicionado e sair, vai receber aquele bafo quente no rosto, parecendo que você acabou de abrir o forno para tirar o frango assado: ambientes diferentes com temperaturas e pressão diferentes. Geralmente, se você passar por uma loja com o ar-condicionado no máximo em um dia de calor, poderá sentir o ar gelado exalando do estabelecimento. Dá até vontade de entrar na loja e ficar lá. (Não condeno, eu fazia isso no calçadão da cidade em que morava. Não tinha intenção alguma de comprar, somente de aproveitar o ar frio. Desculpem-me, vendedores.)

Se está calor, a pressão é menor, então esse local não tem força para segurar o ar mais pesado, ou seja, mais frio, que "vem de outros lugares". Se você ainda não conseguiu visualizar, levanta agora, vai até a sua geladeira e abre o congelador. Só não esquece de levar o livro junto!

Foi? Eu espero que você esteja em frente à sua geladeira nesse momento.

Abra o congelador, veja o ar gelado sair e perceba que ele está *descendo*. Por quê? Porque ele está *pesado*.

Aeeeee, entendeu?

O ar de dentro do congelador está muito frio, as moléculas estão juntinhas, superpesadas, fazendo força, e está descendo... o ar saindo de um lugar de alta pressão para um lugar de baixa pressão – onde está mais quente.

Agora, para entender os fenômenos que acontecem no planeta, é só pegar o que acontece no banho, na pasta de dente, no catchup... na geladeira e aplicar com os ventos, as massas de ar, a atmosfera e até mesmo os furacões.

MAS, JOÃO, E OS FURACÕES?

Já comentamos um pouco sobre as chuvas e massas de ar. Mas e os furacões, onde entram nessa história? Considerando que a atmosfera pode ser entendida enquanto a camada acima do solo, seja apenas a alguns centímetros ou novecentos quilômetros para o alto, é de se imaginar que muitos fenômenos ocorram, incluindo furacões, tufões e ciclones.

Apesar de a diferença entre esses nomes ser muito grande, todos têm algo em comum: são fenômenos atmosféricos. O furacão e o tufão (OI-OI-OI não, pera... não é o da novela) se distinguem pela localização geográfica. Os furacões se formam no Oceano Atlântico e Pacífico, próximo a América do Norte. Já os tufões se formam somente no Oceano Pacífico. Ambos podem durar dias e, geralmente, possuem grandes extensões, além de atingirem altas velocidades. Estamos falando de mais de 117km/h.

Tanto os furacões quanto os tufões se formam em regiões oceânicas. Para entender a formação de ambos, precisamos nos atentar às diferenças de pressão que fazem com que o ar se desloque – algo que já vimos por aqui – e levar em consideração um ponto muito importante: a temperatura da água interfere e muito. Deve estar sempre acima de 26º.

Pelo fato de estar em altas temperaturas, a água apresenta altos índices de evaporação. E o que acontece quando a água evapora? O ar sobe, lembra? E ao fazê-lo, encontra níveis mais frios da atmosfera, atraindo massas de ar que começam a se manifestar em movimentos circulares, principal característica desses fenômenos. É o famoso "olho do furacão". Você provavelmente já deve ter ouvido essa expressão, certo? Pois é exatamente ali que o babado acontece.

O que sustenta um furacão é o olho e, para ser sincero, seria mais adequado chamá-lo de coração, já que é fundamental para a manutenção do fenômeno. Fortes chuvas e um intenso vento caracterizam os acontecimentos na área atingida pelo furacão. No olho, entretanto, faz calor. Muito calor. Ali, o processo de evaporação e o encontro com os níveis mais altos da atmosfera e as massas de ar continuam acontecendo, o que dá sustentação para o furacão e faz com que ele possa durar dias.

Os ciclones também se formam em áreas de baixa pressão. A grosso modo, eles são como furacões de baixa intensidade, mas não diga isso perto de um meteorologista. Ele não vai gostar, nem um pouco. A velocidade desses fenômenos é inferior aos 117 km/h, de acordo com a escala Saffir-Simpson, utilizada para categorizar fenômenos naturais como esse. É a partir dessa velocidade que a classificação muda.

Foi a Saffir-Simpson que classificou o Furacão Katrina como de categoria 3, atingindo velocidades de até 280km/h e resultando em uma das maiores catástrofes naturais já registradas midiaticamente, que estará para sempre em nossa memória.

E por falar em Katrina, trago uma curiosidade para encerrarmos este capítulo: os furacões sempre recebem nome de pessoas. Katrina,

Florence, Irma, Mitch. A utilização de nomes humanos para esses fenômenos foi iniciada como estratégia de divulgação de alertas, sendo organizadas sempre por ordem alfabética a cada ano. Os nomes utilizados são normalmente de gringos, mas se fosse para traduzir, teríamos algo como: Aline, Breno, Camila, Daniel, Eloísa, Fábio, Gabriela e Kelvin. Já pensou em um furacão chamado Gabriela? Jorge Amado acharia incrível!

ÁFRICA: PAÍS OU CONTINENTE?

5

A ÁFRICA NÃO É UM PAÍS.
Repetindo.
A ÁFRICA NÃO É UM PAÍS.
Mais uma vez.
A ÁFRICA NÃO É UM PAÍS.

Pronto. Está aqui a resposta e você já pode encerrar a leitura deste capítulo.

Até parece! Como é de se imaginar, agora vamos debater um erro comum das pessoas. É preciso aprender sobre a África e entender por que, com frequência, ela é mencionada como se fosse um país, e não um continente.

A cada vez que iniciava uma aula de geografia com o tema África, escrevia as mesmas palavras que iniciam este capítulo em letras maiúsculas, no meio da lousa. Pode parecer banal, mas acredite: essa impressão é mais comum do que imaginamos. É tão difundida que até mesmo veículos de notícia, por vezes, se referem à África como um país e não um continente. E não é por uma questão de tamanho, já que o continente africano, terceiro maior do mundo, tem trinta milhões de quilômetros quadrados. A Europa, por exemplo, tem apenas dez milhões. O motivo é outro, e veremos aqui.

Como professor, eu tinha o desafio de fazer com que meus alunos adolescentes entendessem que a África é um *continente*. Para deixar o exercício mais completo, eu também solicitava que eles me dissessem palavras que, para eles, tivessem ligação com a África. Na grande maioria das vezes, as respostas eram "girafa", "pobreza", "fome", "negros" e "escravos". Uma imagem um tanto generalista de um continente tão heterogêneo.

É UM CONTINENTE. E QUE CONTINENTE!

Você saberia, por exemplo, me dizer quantos países formam o continente africano?

Tempo. (Não vale roubar. Pare aqui e tente anotar os países africanos que você se lembra).

Pronto?

Vamos à resposta.

1. África do Sul,
2. Angola,
3. Argélia,
4. Benim,
5. Botswana,
6. Burkina Faso,
7. Burundi,
8. Cabo Verde,
9. Camarões,
10. Chade,
11. Comores,
12. Costa do Marfim,
13. Djibouti,
14. Egito,
15. Essuatíni,
16. Eritreia,
17. Gabão,
18. Etiópia,
19. Gabão,
20. Gana,
21. Guiné,
22. Guiné-Equatorial,
23. Guiné-Bissau,
24. Gâmbia,
25. Lesoto,
26. Libéria,
27. Líbia,
28. Madagascar,
29. Malawi,
30. Mali,
31. Marrocos,
32. Mauritânia,
33. Maurício,
34. Moçambique
35. Namíbia,
36. Nigéria,
37. Níger,
38. Quênia
39. República Centro-Africana,
40. República Democrática do Congo,
41. República do Congo,
42. Ruanda,
43. Senegal,
44. Serra Leoa,
45. Seychelles,
46. Sudão,
47. Sudão do Sul,
48. São Tomé e Príncipe,
49. Tanzânia,
50. Togo,
51. Tunísia,
52. Uganda,
53. Zâmbia,
54. Zimbabwe.

UFA! Temos um total de 54 países! E seguem aqui mais uns dados para que você possa entender a multiplicidade do continente africano. Lá são falados cerca de 30% dos idiomas do mundo, com mais de duas mil línguas diferentes. E os dialetos passam de oito mil.

O QUE SABEMOS SOBRE A ÁFRICA?

Em filmes, livros, seriados e na internet: a imagem que nos é passada da África é sempre a mesma, contrastante com o cenário que representa continentes como o europeu e o norte-americano.

É só você dar um pulo no TikTok e procurar por criadores de conteúdo de Angola ou Moçambique, por exemplo, países de língua portuguesa, para se deparar com vídeos em que eles falam sobre as perguntas mais absurdas que ouvem de pessoas de outros continentes. Coisas como "Você tem água encanada em casa?" ou "Como você está postando no TikTok se não tem internet na África?".

Nós brasileiros passamos por coisa parecida. Pode ser que você não se lembre, mas no ano de 2017 houve um rebuliço enorme no Twitter após a rapper Azelia Banks, estadunidense, fazer uma série de posts depreciativos sobre o Brasil. Ela chegou a ter a conta suspensa após os brasileiros denunciarem em peso seus tweets.

Outro caso que deu o que falar foi um episódio em que os Simpsons vieram para o Brasil. Somos retratados como pessoas não civilizadas, com uma enorme quantidade de estereótipos sendo reproduzidos.

O meu ponto é que odiamos generalizações acerca do nosso país, nossos costumes, nossa cultura. Batemos o pé para afirmar que não falamos espanhol ou brasileiro. Nosso idioma é português. Nossa capital é Brasília, não Buenos Aires.

Então, por que nos parece normal fazer o mesmo em relação a um continente inteiro? O que sabemos sobre a África? Para ilustrar, façamos uma comparação com outro continente.

A Europa é um continente pequeno. É o segundo menor, ficando atrás apenas da Oceania (olha ela aqui de novo). Entretanto, a compreensão geral que temos sobre ele, suas divisões territoriais e linguísticas são bem mais nítidas do que se percebe no continente africano. E digo mais: esse conhecimento refere-se, sobretudo, à Europa ocidental e meridional. O leste europeu muitas vezes não entra nessa brincadeira.

Por exemplo, sabe-se que na França se fala francês, na Espanha, espanhol, mas pouco se sabe que o inglês é a língua oficial da Nigéria, ou que no Senegal se fala francês. Nas páginas que se seguem, vamos nos aprofundar no continente africano e na percepção que o mundo tem dele. Vamos discutir a forma como os países europeus colonizaram esse continente e quais são as consequências disso para os que lá vivem. Vamos abordar a desinformação e, arrisco dizer, o desinteresse, frutos de um impasse ideológico, político, econômico e cultural que envolve nossa pouca percepção sobre a diversidade cultural africana.

A FOME

A nossa visão do continente africano é limitada a imagens de crianças subnutridas que circulam na internet e em outros meios. Fotos que ilustram a fome, a pobreza e doenças. Imagens que mostram o turismo centrado no safari.

Ainda que esse cenário possa ser realidade em alguns países africanos, não ocorre de forma generalizada nem no continente, nem na maioria dos países específicos. Existem regiões mais empobrecidas e regiões mais prósperas, assim como no Brasil. Nunca encarem a fome como um "problema de lá". Infelizmente, ela ocorre em muitos lugares, até mesmo naqueles em que pensamos que problemas como esse não existiriam. Como exemplo, posso citar o nosso próprio país.

O Brasil saiu do Mapa da Fome, criado pela Organização das Nações Unidas para medir a fome no mundo, somente no ano de 2014. Mas o cenário criado pela pandemia do coronavírus trouxe novamente o risco de que o país retornasse ao mapa da fome, dado o alargamento das desigualdades que ocorreu durante esse período. Um livro bastante conhecido e que vai aqui de dica pra vocês é o *Geografia da Fome*, de Josué de Castro. O brasileiro foi líder da FAO (Organização das Nações Unidas para a Alimentação e Agricultura) e dizia que a fome do Brasil era epidêmica, ou seja, uma manifestação coletiva que se espalha rapidamente. Ele evidenciou o fato de as pessoas não terem acesso sistemático e não terem recursos para comprar alimentos. O que exatamente isso quer dizer?

Basicamente, significa que a fome não está conectada à produção de alimentos, mas sim ao acesso a eles. É uma questão de má distribuição. Vou dar um exemplo. Imagine que você tem dois amigos num refeitório, o Hugo e o Zé. O refeitório está repleto de comida, mas apenas Hugo tem dinheiro para comprar. Zé não tem e, por isso, fica com fome. O problema da fome de Zé não está no fato de não existir comida para ele, mas na falta de possibilidade de comprar essa comida.

Então, para que o problema da fome seja solucionado, a resposta não estaria em produzir ainda mais alimentos, mas em consertar a falha em sua distribuição que faz com que parcelas da população mundial não tenham os recursos para poder se alimentar.

E, como eu disse, esse é um problema mundial que não se resume ao continente africano, está bem? Precisamos parar de associar a África somente à fome e à subnutrição. Na verdade, está na hora de fazermos um exercício que eu adoro.

QUE CIDADE É ESSA?

Esse exercício é importante porque não somente serve para demonstrar como a nossa percepção sobre a África é distorcida, mas também para aguçar a curiosidade. É muito simples. Basta pegar imagens de grandes centros de países africanos, como Luanda, a capital angolana, Lagos, na Nigéria, Cidade do Cabo, na África do Sul, ou Addis Ababa, na Etiópia, e colocar na frente de alguém sem dizer onde fica essa cidade. Pergunte "Onde você acha que é?" e posso garantir que pouquíssimas pessoas acertarão a cidade, o país ou até mesmo o continente. Sabe por quê?

Nossa visão de África ainda é aquela do jogo de palavras que eu faço com meus alunos: fome, pobreza e subdesenvolvimento. Se você estiver com acesso à internet nesse momento, faça esse exercício e busque imagens das cidades mencionadas e de muitas outras. Acho que você vai se surpreender.

Vou trazer apenas um pouco de contexto dessas cidades, começando por Luanda: é a segunda capital mais populosa de um país de língua portuguesa, ficando atrás apenas de Brasília. Com mais de 2,5 milhões de habitantes, a cidade abriga as principais indústrias angolanas, além de ser centro financeiro e principal porto marítimo da Angola.

Lagos, maior cidade do continente africano, tanto em área quanto em população, tem mais de 23 milhões de habitantes. A cidade nigeriana é considerada o principal centro comercial do continente.

Já Addis Ababa é a capital da Etiópia, com 4,8 milhões de habitantes é considerada a capital política do continente africano, já que lá estão sediadas a Organização da Unidade Africana e a Comissão Econômica das Nações Unidas para a África.

Apenas com uma breve análise dos números citados e da importância dessas cidades, dá para imaginar que são grandes centros urbanos que em nada correspondem com a imagem que a maioria das pessoas têm formada em suas cabeças quando mencionamos a África.

Se, entretanto, faço o exercício contrário, ou seja, mostro fotografias que retratam pessoas em situação de rua, as respostas são, geralmente, São Paulo, Rio de Janeiro, Venezuela ou "África". Quase nunca aparecem nomes como Milão, Londres, Nova York, etc., ainda que essas cidades também sofram com o problema da falta de moradias.

Você sabia que, de acordo com um estudo realizado pela *Fondation Abbé Pierre,* organização que auxilia pessoas em situação de rua a encontrarem moradias, cerca de 3,8 milhões de pessoas residem em acomodações inadequadas na França? A situação fica ainda mais desesperadora na capital, Paris, que nos últimos onze anos, registrou um aumento de 84% nas taxas urbanas de falta de moradia.

A minha intenção não é rebaixar essas cidades, mas tecer uma comparação entre como vemos os problemas do continente africano e como percebemos os problemas de outros continentes. É tudo uma questão da imagem que formamos em nossa cabeça quando ouvimos falar em determinado lugar.

E por falar, nisso, vamos fazer um novo exercício. Pense em uma pessoa do continente africano. Qual a imagem que surgiu em sua mente?

A REPRODUÇÃO DO RACISMO

Quando mostro que existem países africanos que possuem uma população branca bastante volumosa, o que geralmente ouço como resposta são frases tipo:

— Tem branco na África?

— Mas não é o continente de onde vieram os escravos?

Mais um fator que demonstra como temos total desconhecimento da história do continente africano, a não ser pelo período marcado pela escravidão. E, ainda assim, nossa compreensão sobre esse momento do mundo é escarço e baseado em apenas um lado da história, aquele que aprendemos na escola e foi construído por um sistema de ensino que nunca nos ensinou a, de fato, analisar o significado de todo esse movimento. O que quero dizer com isso?

Aprendemos sobre a arte e cultura europeia. Temos aula de literatura portuguesa, literatura inglesa, literatura francesa. A história dos países europeus ocidentais nos é ensinada exaustivamente. Entretanto, a África é citada em livros didáticos apenas para falarmos sobre a escravidão ou o Apartheid. Nem mesmo aprendemos sobre o processo de independência dos países africanos que foram colonizados. Esses conceitos também são perpetuados na mídia, que retrata o continente africano apenas para falar sobre escravidão, guerras e pobreza. Talvez a exceção a esse panorama seja o Egito. Mas você percebe como, desde cedo, nossa visão sobre a África é construída com base em comentários, falas e percepções que reproduzem o racismo?

Com frequência, a reprodução do racismo se dá com imigrantes do continente africano que desejam imigrar para o Brasil, por exemplo. Vou explicar o que eu quero dizer.

Quando alguém deseja mudar para outro país na condição de imigrante, deve verificar as leis do local desejado e entender se há a necessidade de visto e, caso haja, quais as formas de aplicar. Uma empresa brasileira pode conceder visto para imigrantes qualificados que desejam trabalhar em nosso país, após provar que não havia nenhum outro trabalhador qualificado para o mesmo cargo.

O maior índice de contratações é de funcionários europeus e estadunidenses. As empresas brasileiras buscam a mão-de-obra qualificada nesses locais, muitas vezes ignorando o continente africano.

O Brasil conta com um programa chamado PEC-G, sigla para Programa de Estudantes-Convênio de Graduação, que contempla 68 países diferentes e tem como objetivo, de acordo com o site do Ministério da Educação e Cultura, "oferecer oportunidades de formação superior a cidadãos de países em desenvolvimento com os quais o Brasil mantém acordos educacionais e culturais".

Dos 68 países, 28 são africanos, continente com o maior número de nações participantes do programa. No entanto, o que muitos desses estudantes relatam é que, após o término do estudo, realizado em instituições brasileiras, sentem dificuldade em se colocar no mercado de trabalho por terem suas qualificações questionadas.

A dificuldade de se inserir no mercado de trabalho é uma das maiores realidades enfrentadas por imigrantes africanos ao redor do mundo. E, por falar nisso, é importante analisarmos a economia dos países africanos.

UM PAPO SOBRE ECONOMIA

É importante falarmos também a respeito da economia de alguns países africanos para entender quais são os principais bens e serviços importados e exportados. A título de exemplo: na Nigéria a economia tem como base a exportação de petróleo, uma vez que o país apresenta um elevado número de reservas naturais. Os países com quem fazem transações comerciais incluem Estados Unidos, Índia, Espanha e muitos outros.

Angola é outro país do continente africano que tem sua economia baseada na exportação de petróleo. Há jazidas em quase toda a extensão da costa marítima, sendo esse o maior responsável pelas taxas de crescimento da economia angolana.

Mas esses dois não são os únicos produtores africanos de petróleo. A lista também inclui Líbia, Argélia, Egito, República do Congo, Gana e muitos outros países.

Já em países como África do Sul, Marrocos e Quênia, por exemplo, as principais atividades econômicas estão ligadas ao turismo e, no caso do Quênia, à agricultura também, que é responsável por empregar mais de 70% do país.

Agricultura e a extração de minérios são outros pontos importantes que compõem a economia do continente africano e estão presentes em diversos países como Botswana, Etiópia e Angola, por exemplo. E o que há de comum entre esses países?

Os investimentos para o desenvolvimento da economia local são poucos, com a exportação de petróleo, gás e minérios sendo responsável por sustentar a maior parte dos índices econômicos. E acredite, isso não é uma coincidência. Essa configuração tem raízes históricas e não é exclusividade dos países citados.

A CONFERÊNCIA DE BERLIM

Para entender melhor, vamos voltar um pouco no tempo: estamos no ano de 1884 em Berlim, na Alemanha, e há representantes de praticamente todas as nações mais industrializadas da Europa, totalizando quatorze. Temos ali, na mesma sala, representantes da Alemanha, Portugal, Espanha, França, Grã-Bretanha, Itália, Noruega, Países Baixos, Áustria-Hungria, Rússia, Dinamarca, Bélgica, Estados Unidos e Suécia. Essa reunião posteriormente foi chamada de Conferência de Berlim. Ela não era uma conferência diplomática qualquer. O objetivo da reunião? A partilha da África.

Você pode reparar que alguns dos países citados não possuíam colônias ou territórios na África, e ainda assim foram meter o bedelho para ver se conseguiriam tirar alguma vantagem.

Países como Portugal, Inglaterra, França, Bélgica e Espanha tinham domínio sobre territórios diferentes da África, explorando a mão de obra escravizada que era levada para os territórios nas américas. Mas eles queriam mais.

Eles queriam explorar tudo o que pudessem do continente africano, como se estivessem reunidos todos na sala de casa jogando *War* e começasse uma discussão sobre quem deveria ficar com determinada parte de um continente que sempre esteve ali, povoado, repleto de culturas, costumes, populações e religiões diferentes, sumariamente ignorados. E como eles faziam para ignorar tão facilmente os habitantes do continente africano? Aqui existe um ponto central: as principais potências europeias eram motivadas por uma pseudoteoria que discorria acerca da baixa intelectualidade daqueles que lá viviam.

Você já deve ter ouvido afirmações nesse sentido: "Os africanos guerreavam entre eles". Mas, vem cá: e os europeus não? Porque se eu me lembro bem das aulas de história, há duas guerras mundiais que ocorreram sobretudo naquele território...

Pois bem. A reuniãozinha de comadres europeias em Berlim decidiu que a desculpa de "trazer luz e civilização" era boa o suficiente para invadir e saquear o continente africano, semelhante com o que havia sido feito no Brasil e demais países da América do Sul. E, assim, surgiu a partilha da África. Tal como uma grande pizza, os países europeus dividiram o território africano entre si a fim de ampliarem seus próprios territórios. Afinal, desde o começo dos tempos, a busca incansável por ampliar os territórios é uma preocupação dessas nações, pois suas bases econômicas sempre se basearam na exploração econômica e natural de colônias.

A DIVISÃO DO CONTINENTE AFRICANO

Acontece que, nesse momento, os recortes territoriais que foram estabelecidos eram praticamente geométricos. Literalmente, é como se alguém tivesse tirado uma régua do bolso e dividido o continente africano em pedacinhos diferentes para escrever o nome de cada país ao qual aquele território passaria a pertencer. Se observarmos os limites estabelecidos entre alguns países do continente, como a fronteira entre Mali, Argélia e Mauritânia, podemos ver que elas quase formam um ângulo perfeito de 90º.

O *plot twist* de tudo isso vem no momento em que se sobrepõe o mapa das organizações sociais da África, antes da colonização, com o mapa das partilhas feitas pelos países da conferência de Berlim, que passou a determinar as novas fronteiras geográficas do continente africano.

A diversidade étnica no momento em que a divisão dos territórios foi feita na partilha da África, fez com que diferentes grupos étnicos, com costumes, sistemas de governo e níveis de hierarquia diferentes fossem obrigados a conviver no mesmo território, o que impactou diretamente

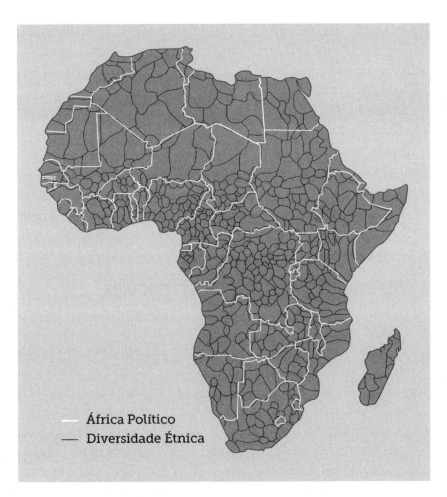

Mapa demonstra a diferença entre os recortes políticos e étnicos existentes no continente africano.

na instabilidade política da maioria dos países após a independência. E é claro que isso reverbera até na atualidade, sobretudo numa série de conflitos geopolíticos que se instalaram principalmente nas áreas de fronteira entre os países.

A fronteira por si só é entendida enquanto uma linha imaginária que divide espaços administrativos: de um lado fica o A, e do outro lado o B. Pode parecer coisa boba, mas pense na quantidade de conflitos que existem ainda atualmente devido à limitação de fronteiras. Aqui no Brasil mesmo, entre 1899 e 1903, houve a chamada Guerra do Acre, região que fazia parte do território boliviano desde o Tratado de Tordesilhas, mas que era ocupada por brasileiros vindos, sobretudo, do Nordeste para trabalhar na exploração de borracha. Foi a partir desse momento que o Acre passou a fazer parte do Brasil.

Imagina então, a confusão que se instaura quando não somente um estado, mas um continente inteiro é dividido de forma forçada e imposta. O terceiro maior continente do mundo teve suas fronteiras entre países desenhadas como uma criança na aula de Artes que ignora os limites e continua pintando o papel, a mesa, a roupa. Em nenhum momento as lideranças europeias perguntaram às lideranças africanas se eles queriam ser colonizados. Alerta de *spoiler:* a resposta era não.

A INDEPENDÊNCIA TARDIA DOS PAÍSES AFRICANOS

De fato, os colonizadores ingleses, portugueses, franceses, espanhóis e outras nações europeias, se aproveitaram da fragilidade gerada para manter um sistema colonial e de exploração. Parece que estamos falando de coisas que aconteceram há muito tempo, na época do Brasil colonial – que, convenhamos, também é um tanto quanto recente. Mas não. Estamos falando de processos iniciados há menos de 150 anos e que perduraram até recentemente, quando os processos de independência começaram. O fim do império português na África, por exemplo, ocorreu em 1975, ano de reconhecimento da independência de países como Moçambique, Cabo Verde, São Tomé e Príncipe e Angola.

O processo de independência dos países africanos é muito tardio e ao mesmo tempo recente na história. Por exemplo: Ruanda, de quem falaremos mais à frente, se tornou independente dos belgas somente em 1962. O Zimbabwe conseguiu a independência em 1980. O mais recente de todos, Sudão do Sul, se tornou um Estado independente só no ano de 2011.

Essas partilhas inconsideradas têm resultado direto em vários dos conflitos que existem hoje em alguns países do continente africano. Sabe por quê? Ao impor uma nova forma de pensar e de se comunicar, ignorando as diferenças étnicas já existentes, as comadres europeias geraram um caldeirão prestes a explodir. Quando, por fim, se retiraram (mas não muito) do continente, deixaram para trás um rastro de destruição e confusão sobre quem assumiria o poder. Isso resultou em implementação de regimes ditatoriais que, muitas vezes, ainda tinham um dedinho europeu. Os caras saíram oficialmente, mas quiseram continuar controlando tudo, tirando proveito da situação. Essas subdivisões tiveram também influência na segregação racial, cujo exemplo mais conhecido mundialmente é o Apartheid.

A SEGREGAÇÃO RACIAL NO CONTINENTE AFRICANO

O Apartheid pode ser definido enquanto um regime de segregação racial, que foi implementado na África do Sul entre os anos de 1948 e 1991. (Sim, 1991. Pouco mais de 30 anos, a idade do meu irmão.)

Quando falo em segregação racial, estou dizendo que os espaços públicos dentro do território sul-africano impunham restrições de quem poderia e/ou não circular por determinado lugar. Havia, por exemplo, assentos determinados em ônibus para brancos e outros para não-brancos (em sua maioria negros e imigrantes do leste asiático).

Há uma foto clássica de uma arquibancada em um jogo de futebol que ajuda a ilustrar esse período, onde as pessoas não-brancas estavam de um lado e as pessoas brancas de outro. É importante destacar que essa segregação racial era assegurada na lei. Sim, o Apartheid era uma lei implementada pelo governo da época e que garantia que a minoria branca no poder fosse detentora de grande parte dos direitos em relação à maioria negra.

Havia segregação em áreas residenciais, levando até mesmo a remoções forçadas feitas pelo próprio governo. A separação também ocorria na área da saúde, educação e outros serviços públicos, com os direitos dos não-brancos sendo ínfimos ou nenhum. Nem toda lei é feita para o povo. Nem toda lei é democrática.

É maluco pensar que isso aconteceu até o ano de 1991, na África do Sul, né? Bom... na verdade, se a gente for considerar a fundo, ainda vivemos resquícios desse processo e ele não está tão descolado de nossa realidade quanto imaginamos. É comum que se afirme que não há racismo no Brasil, ligando-o a países como Estados Unidos ou ao continente europeu. Mas acredite, não é assim que as coisas funcionam.

Muitas pessoas negras, aqui mesmo no Brasil, ao circularem em espaços majoritariamente brancos, enfrentam barreiras que estão firmadas nas bases da discriminação racial. Tendo sido o nosso país também construído sobre a percepção de que havia uma raça superior, a branca europeia, que subjugava pessoas negras em condições de escravidão e os nativos indígenas, é fácil de se perceber porque a ascensão de pessoas negras causa choque. Ela desestabiliza uma norma que, na cabeça dos detentores do poder, não deve ser desestruturada. Negros e brancos não devem frequentar o mesmo espaço, tal como no Apartheid. É uma demonstração de segregação que, embora não esteja assegurada pela lei, ainda existe de forma latente.

O GENOCÍDIO DE RUANDA

Esses resquícios da Conferência de Berlim e do que foi estabelecido pelos países europeus reverberaram num dos principais conflitos geopolíticos que o planeta viveu, o genocídio de Ruanda. O país foi, durante muito tempo, administrado por um grupo étnico específico, os tutsi. Esse poder era concedido pela antiga metrópole, a Bélgica, durante a colonização do país. Entretanto, a maioria da população pertencia a outro grupo étnico, os hutus.

Anos antes da independência de Ruanda em relação a Bélgica, que, como eu disse, ocorreu somente em 1962, os hutus entraram em conflito e derrubaram os tutsi que estavam no poder. Alguns fugiram para localidades próximas e se organizaram numa espécie de movimento que, em 1990, voltou a Ruanda e lutou para reestabelecer o poder. Três anos depois, em 1993, foi selado um acordo de paz entre ambas as etnias. Esse acordo, contudo, teve a duração de apenas um ano.

Em 1994, o presidente de Ruanda, Juvénal Habyarimana, que pertencia aos hutus, foi assassinado em um atentado atribuído aos tutsi. Deu-se início a um processo de genocídio e morte em massa que dizimou entre quinhentos mil e um milhão de ruandeses. Muitas das vítimas foram mortas em suas aldeias ou nas cidades, dentro da própria casa. Os assassinos usavam facões e rifles. A violência sexual também foi marcante nesse período, tendo entre 250 mil e 500 mil vítimas.

O conflito entre tutsi e hutus era direto. Vizinhos matavam vizinhos, maridos, as esposas e filhos por medo de serem denunciados às milícias. E aqui um fator muito importante: durante o período colonial, a divisão territorial da região foi acompanhada também de uma divisão social. Para manter o controle da população, a Bélgica achou que seria interessante incentivar a divisão étnica. Assim, os documentos oficiais dos ruandeses apresentavam a informação do grupo étnico ao qual pertenciam, tornando a identificação facilitada.

A ideia de estimular uma estratificação, ou seja, classificar os ruandeses em grupos, era também uma forma de incentivar os conflitos internos. Quando uma parcela da população recebe melhores tratamentos, não irá se rebelar contra seus colonizadores. E a parcela que é subjugada passa a se revoltar com aquela que é mais bem tratada, não com a metrópole.

A BÉLGICA, A FRANÇA E A ONU

Imagine, então, em uma situação de genocídio de um grupo étnico específico, o quanto essa situação foi facilitadora. Durante seus anos no poder, Juvénal recebeu apoio da Bélgica e da França. Quando o genocídio começou, nenhum dos dois países interveio. E sabe quem mais não interveio? Ela mesmo, a Organização das Nações Unidas.

Por que esse conflito não recebeu comoção internacional? Estamos falando de jogos de poder. Jogos de interesses. Tanto Bélgica quanto França apoiavam quem estava no poder, os autores do genocídio. Então, usaram da carta de diplomacia para não realizar uma intervenção. Ambos os países possuem voz e poder dentro da ONU e não usaram de sua influência para intervir. Afinal, como eles poderiam interferir num governo que apoiavam? Aconselho você a procurar livros escritos por duas autoras ruandesas, Scholastique Mukasonga e Immaculée Ilibagiza. Essa última é uma das sobreviventes do massacre e narra sua história em um comovente livro chamado *Sobrevivi para contar: O poder da fé me salvou de um massacre*.

E você pode estar se perguntando, "mas por que a ONU não interveio mesmo assim?". Precisamos lembrar que, ainda que ela seja um órgão muito importante, a Organização das Nações Unidas é exatamente isso que o nome diz. Uma organização de nações. Dentro dessa organização há o Conselho de Segurança, criado para promover a cooperação internacional, e onde as diferentes nações decidem várias das medidas tomadas pela ONU. Essas decisões também estão sujeitas aos mesmos jogos políticos de poder, sendo França e Bélgica dois países com posição dominante, é fácil de entender porque a ONU não mexeu os pauzinhos para cessar o conflito. Negligência.

O QUE É IDH E PIB MESMO?

Voltando ao exemplo que dei anteriormente, o fato de a Nigéria, por exemplo, não estar liderando os rankings mundiais e altos níveis de industrialização e produção tem relação direta com o processo de independência do país e suas marcas firmadas numa instabilidade política.

Atualmente, o continente africano apresenta os menores índices de desenvolvimento humano, o famoso IDH. Esse índice mede o grau de desenvolvimento de um determinado país, constituído por três importantes indicadores: o financeiro (que é medido a partir do PIB per capita – o produto interno bruto dividido pela quantidade de habitantes de um país.); o educacional (pela taxa de analfabetismo); e o de saúde (índice de mortalidade).

Por ser um índice que varia entre 0 e 1, os países que a apresentam um número mais próximo a 1 são considerados mais desenvolvidos, enquanto aqueles que apresentam um número mais próximo a 0 são considerados menos desenvolvidos. O que é importante ressaltar aqui, é que parte dos países africanos apresentam IDH abaixo do número de 0,555, o que podemos considerar um Índice de Desenvolvimento Humano baixo.

Lembra que eu mencionei o Sudão do Sul? Nesse caso em específico, é importante compreender o potencial dos fenômenos geopolíticos e suas configurações e desdobramentos atuais. O Sudão do Sul, que adentrou uma das maiores guerras civis dos últimos tempos, vitimou, durante o período de 1983 e 2005, cerca de 2 milhões de pessoas e provocou o deslocamento forçado de mais de 4 milhões de indivíduos segundo dados do ACNUR (Alto Comissariado Das Nações Unidas para Refugiados).

Esses dados impactam diretamente no IDH, nos indicadores de qualidade de vida e sobretudo no potencial econômico do país. Hoje, o

Sudão do Sul, país com cerca de 11 milhões de habitantes, tem o IDH considerado um dos mais baixos: 0,413, tendo seu produto interno bruto de aproximadamente 12 bilhões de dólares. Mas, falaremos acerca desse valor mais adiante, ok?

O acordo feito em Berlim reflete até hoje nos países africanos. Assim como no Brasil, muitos países vivenciaram por muito tempo um processo colonial que ditou as leis e regras dos países, e os conflitos que se geraram naquela divisão geográfica totalmente injusta e que não respeitavam as diferenças culturais foram aproveitadas pelos europeus para manter o continente africano como área de exploração.

E, por falar em Brasil, pensar sobre a África me faz relembrar de um tema que é frequente entre brasileiros negros: o desconhecimento de nossas origens.

DE ONDE VOCÊ VEIO?

Existe um movimento que sempre vejo acontecer a depender dos lugares por onde eu circulo, que se refere à forma como as pessoas contam a própria história e a história de suas famílias.

— Minha família veio da Espanha.

— Minha avó era de origem alemã.

— Tenho descendência de italianos.

Comecei a questionar porque, em muitos momentos, eu não conseguia falar sobre minhas origens com tanta facilidade e percebi que algumas pessoas possuem o privilégio de conhecer a sua própria história, ou a de sua família. Eu me lembro bem do dia em que estava numa roda de amigos num bar e alguns deles começaram a relatar suas origens familiares, em sua maioria europeias. Falavam com orgulho. Orgulho de serem de descendência italiana, por exemplo. Olhei para o lado, para um outro amigo, e ri. Ele retribuiu. Tínhamos algo em comum: éramos os únicos negros ali.

Fiquei com aquilo na cabeça por alguns dias: por que eu não sei parte das minhas origens? Bom, sou filho de uma mãe branca e um pai negro. É possível traçar as origens do meu sobrenome Pedrosa, do lado da minha mãe. Segundo meu tio, que era historiador e sociólogo, e que fez algumas pesquisas, chegou a informação de que temos origens em Portugal e na Espanha. De certa forma, é só procurar em algum mecanismo de busca que aparece essa informação. Fácil de achar. Do lado de meu pai, herdei o sobrenome mais popular de todo o país: Silva. Nem todo mundo tem o conhecimento da origem desse sobrenome. Somos unidos pela falta de informação a respeito dele. Informação sobre nossa origem.

Lembro-me de estudar na escola que o significado de Silva está conectado a selva, floresta. Mas por que cargas d'água tem tanto Silva no Brasil?

Eu já te explico, mas antes vamos voltar alguns anos. Bom, nem tantos assim. Temos a tendência de acreditar que a escravidão é algo muito distante de nossa realidade, mas de seu fim até a data em que esse livro é escrito, no ano de 2021, passaram-se apenas 134 anos. Isso significa que minha avó paterna, que neste ano completa seus 90 anos, conviveu com pessoas que foram escravizadas quando nasceu.

Algo que parece que aconteceu há muito tempo é mais presente no nosso cotidiano do que a gente imagina. Eu queria ter como explicar e buscar minha árvore genealógica, mas as coisas começam a se perder lá para a quarta geração. Acho que é por isso que tem tanto Silva no Brasil. Somos herança de nossa história.

ÁFRICA *VS.* BILIONÁRIOS

Um pouco para cima no capítulo eu mencionei os 12 bilhões de dólares do PIB do Sudão do Sul, lembra? Você deve pensar: "*Puxa! 12 bilhões de dólares é muita coisa!*" De fato é, mas não o suficiente para manter a qualidade de vida de um país inteiro. Países como o Brasil tem aproximadamente 1,424 trilhão de dólares de PIB, com mais de 210 milhões de habitantes, enquanto a Espanha tem um valor de 1,281 trilhão para uma população de 47 milhões. Sempre considere a população quando estamos falando de PIB, pois os valores são proporcionais. Os Estados Unidos da América acumulam um PIB de mais de 20,94 trilhão. Perto desses valores, o PIB do Sudão quase desaparece, não é? E fica pior.

A título de comparação: os 12 bilhões que firmam a estrutura econômica do Sudão do Sul não correspondem nem a 7% do patrimônio total do Jeff Bezos, dono de uma das maiores empresas multinacionais do mundo, a Amazon. Uma única pessoa tem um patrimônio maior do que um país inteiro!

Esse lance de comparar grandes fortunas com o Produto Interno Bruto de alguns países da África me deixou muito instigado e resolvi ir mais a fundo porque envolve duas coisas que eu amo: fofoca e geografia.

Segundo o Celebrity Net Worth, o rapper Kanye West tem uma fortuna acumulada de mais de 6 bilhões de dólares, metade do que o Sudão do Sul arrecada anualmente. Elon Musk, dono de uma das maiores empresas automobilísticas do mundo, acumula um patrimônio de 199 bilhões de dólares. O equivalente ao somatório total do PIB de países como: Camarões, Costa do Marfim, Serra Leoa, Angola, Somália, Botswana, Togo e Burundi.

Não, você não leu errado. Uma pessoa tem o equivalente a economia de oito países. OITO PAÍSES! Até desenhei para deixar mais gritante a coisa!

Além de possuir os dados de todas as pessoas do mundo e controlar nossa paciência a cada vez que as redes sociais dele caem, Mark Zuckerberg tem um patrimônio de 117,6 bilhões de dólares. Eu poderia fazer listas intermináveis, inclusive, aí vai um gráfico para você visualizar essa loucura do nosso mundo.

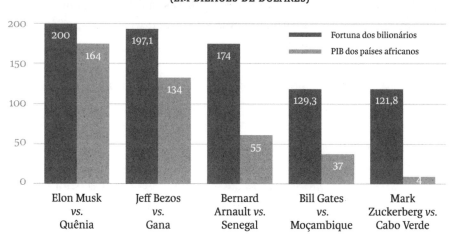

Acho que deu para você compreender a lógica de onde estou querendo chegar.

Se você não é muito chegado no mundo das celebridades, podemos fazer também uma comparação mais próxima: como diferentes países africanos se comparam a estados brasileiros quando falamos de PIB? Vamos ver.

O PIB do estado de Rondônia, com pouco mais de 1,8 milhão de habitantes equivale a aproximadamente 39,45 bilhões, o mesmo que países como a Mauritânia, com 4,6 milhões de habitantes e Lesoto, com 2,1 milhões. Assim como o do Maranhão, com mais de 7 milhões de pessoas se compara ao de Mali, com 21 milhões, Ruanda, com 12 milhões e Zâmbia, 18 milhões em números estimados. Louco ver isso comparado a estados brasileiros, né?

CONHEÇA O CONTINENTE AFRICANO

A desigualdade da distribuição de renda que atinge os países africanos é experimentada em regiões da América Latina e alguns países do continente Asiático. Mas, o mais maluco de pensar é como os processos europeus de exploração fizeram com que, até hoje, tenhamos uma percepção distorcida do que é o continente africano, baseada em estereótipos generalistas.

Ver a África como uma localidade única e homogênea é um erro. Esse enorme continente é formado por 54 países múltiplos em cultura, ideologias, religiões e tradições. E, como vimos, dentro de cada um desses países há também novas multiplicidades que foram ignoradas quando ocorreu a divisão das fronteiras.

A nossa percepção sobre a pluralidade, diversidade e, principalmente, a urbanização do continente ainda é muito mal executada, seja na forma como aprendemos sobre esse continente ou como ele é retratado em livros e filmes da mídia tradicional.

Você sabia que, por exemplo, alguns dos melhores vinhos do mundo são fabricados na África do Sul? Ou que a Etiópia é uma das nações mais antigas do mundo? Ou que um dos resorts mais luxuosos do mundo fica no arquipélago de Zanzibar?

Há muito para conhecer do continente africano para além do turismo tradicional, que visa somente os safaris, as pirâmides do Egito ou os desertos marroquinos. Não que essas não sejam experiências válidas, mas elas não são as únicas. A África é plural, diversa e cheia de histórias sendo construídas todos os dias. Nosso país precisa conhecer sua história. Você sabia que uma das comidas mais tradicionais do Brasil, a feijoada, é de origem africana? Pois então, nossa história está interligada com a do continente africano e precisamos aprender mais a respeito dele. A culinária, a religiosidade, as tradições, as expressões, as palavras, TUDO está no balaio da história. Uma história que é constantemente apagada dos livros, dos currículos e da visibilidade. É por isso que medidas como a Lei 10.639/2003, que orienta o estudo da história e cultura afro-brasileira nas escolas públicas do país, representam um importante marco para o estabelecimento de posicionamentos, de fato, efetivos para a minimização dessa lacuna histórica que vivemos.

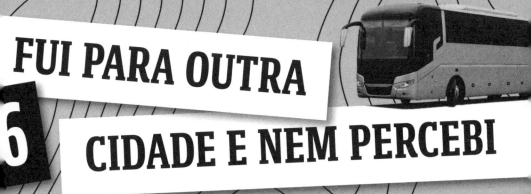

6 FUI PARA OUTRA CIDADE E NEM PERCEBI

Durante dezessete anos da minha vida, morei numa cidade com pouco mais de 45 mil habitantes. Considerando que agora vivo numa das cidades mais populosas do mundo, São Paulo, é de se imaginar que as relações que estabelecia na minha cidade natal são completamente diferentes do que tenho experimentado agora.

Em Santos Dumont, cidade de Minas Gerais que, antes de ter em seu nome a homenagem ao famoso inventor do avião, se chamava Palmyra, temos um cenário típico de cidade interiorana, com o famoso estigma de que *todo mundo se conhece*. E não é exagero dizer isso. Não é necessário participar do reality show mais famoso do Brasil para que as pessoas saibam quem você é por lá. Ou, ao menos, conheçam algum parente seu que também more ali.

O centro urbano mais próximo à minha cidade está a cerca de 50 km de distância. Ali está toda uma rede de infraestrutura urbana que serve aos moradores das pequenas cidades mais próximas, como hospitais, universidades, serviços e comércio. Isso não significa que minha cidade não possua determinados serviços. Contudo, é uma característica comum que eles estejam concentrados em cidades um pouco maiores, servindo aos habitantes das cidades menores. Isso ocorre em uma grande variedade de lugares, uma vez que a construção desses locais demanda investimentos que nem sempre podem estar disponíveis em cidades mais pequeninas.

Toda vez que eu precisava me deslocar de uma cidade para outra, tinha que enfrentar uma hora e meia de ônibus e atravessar a rodovia para chegar. Assim, o deslocamento e a mudança de uma cidade para a outra sempre foi algo muito perceptível para mim. O ciclo era sempre o mesmo: pegar o ônibus, viajar e chegar em outra cidade.

CONHECENDO O BRASIL

A universidade me proporcionou viajar para vários lugares. Como você sabe, estudei geografia, e no curso há algo chamado "trabalho de campo" que consiste, basicamente, em viajar até determinado lugar para ver, na prática, o fenômeno que estamos estudando.

Parece um tanto quanto glamoroso, mas acredite, envolve muitas caminhadas, um olhar superatento e bastante repelente de mosquito. Um exemplo: ao invés de simplesmente estudar sobre a Floresta Amazônica e absorver toda a informação possível dos livros, é muito melhor ir até a própria e estudar de lá, certo?

Eu gosto da premissa dos trabalhos de campo porque eles aliam perfeitamente a teoria e a prática do conhecimento. É uma pesquisa científica que permite que você veja, na sua frente, determinado fenômeno sobre o qual passou horas lendo em livros ou ouvindo na sala de aula. Sabe o famoso ver para crer? É a versão acadêmica disso.

Foi por meio de um desses trabalhos de campo que tive a oportunidade de ir para São Paulo pela primeira vez na minha vida. Agora imagine um jovem João que passou a vida toda morando na mesma cidade, viajando somente para alguns lugares próximos – afinal viajar é caro – e, de repente, se encontra no centro de São Paulo, vendo com os próprios olhos muitas das coisas que só ouvia falar ou assistia na televisão. Confesso que era um tanto quanto assustador ver uma cidade tão grande acontecer diante de mim. Quem nasceu em uma cidade grande ou teve costume de frequentar grandes centros vê essa situação como corriqueira, mas para mim era uma grande descoberta.

E claro que essa descoberta não ia passar ilesa pelo terreno fértil que é a minha imaginação. Nada passa. Calopsitas, continentes, chinchilas, o biscoito-bolacha com café da tarde. Eu precisava tecer as minhas comparações. É quase da natureza de um geógrafo. E a geografia corria nas minhas veias desde sempre.

ENTÃO É ASSIM QUE É UMA CIDADE GRANDE?

Como você já sabe, comecei a fazer comparações na minha cabeça. A minha cidade natal tem 45 mil habitantes. Em termos de São Paulo, o que isso significaria? Fazendo minhas pesquisas, descobri uma informação que me chocou. É como se toda a minha cidade, T-O-D-A coubesse dentro do estádio do Palmeiras, localizado na região da Barra Funda, em São Paulo. Uma cidade que cabe dentro de um estádio de futebol que é frequentemente lotado por seus torcedores em dia de jogo e que não representa a maior torcida em número de torcedores na cidade. É gente demais, não é? Mas as minhas surpresas estavam apenas começando...

Minha percepção de mudar de cidade sempre esteve relacionada a famosa expressão "pegar estrada", ou seja, atravessar uma rodovia. Afinal, se você não atravessa uma rodovia, ainda está na mesma cidade, certo? Mas então, me vi em Santo André, cidade próxima a São Paulo, sem perceber que havia mudado de cidade. Fiquei pensando *"Ué? Que tipo de magia é essa?"*. Estava mais confuso que o *meme* da Nazaré.

Para quem não conhece Santo André, um pequeno contexto: esse município brasileiro está localizado numa região chamada de ABC, que conta com Santo André, São Bernardo e São Caetano do Sul. Santo André tem uma população de mais de 700 mil pessoas, ou seja, quinze vezes a mais do que a minha pequena cidade no interior de Minas Gerais.

Mas como é possível trocar de cidade sem nenhum aviso? Muitas pessoas que vivem em Santo André e trabalham em São Paulo ou o contrário fazem essa travessia quase que diariamente, dentro do trem, sem, talvez, sequer pensar na mudança entre cidades. Contudo, na minha cabeça, aquilo era incrível, chocante. Era a tal da conurbação, que eu tanto ouvia falar na faculdade, materializada diante de mim.

CONUR-BA-O-QUÊ?

Teoricamente eu já sabia o que significava o termo conurbação. Nós, geralmente, aprendemos sobre ele nas aulas de geografia da escola, e eu vi com ainda mais intensidade na faculdade. Mas atenção: só havia estudado a teoria. Quando fui para São Paulo é que pude ver com meus próprios olhos a conurbação. Há coisas que parecem tão surreais que, mesmo após muito tempo pesquisando, uma pequena parte de nós parece não acreditar. É como quando vemos uma foto, mas nos pegamos pensando *"Hummmm será que é isso mesmo?"*.

E já que falamos de conurbação, vamos lá. Quero apresentar melhor esse conceito para você. E *fun fact:* o corretor do meu teclado corrigiu várias vezes a palavra para CONTURBAÇÃO, uma correção que até faz um pouco de sentido. Quer saber por quê? Bom, podemos entender a conurbação enquanto um fenômeno que tem como resultado final a junção de duas cidades. Por exemplo, imagine o cenário das cidades X e Z.

A cidade X tem seus limites territoriais, que são as áreas geográficas que dividem as cidades e definem o tamanho dos territórios para efeitos administrativos, jurídicos e socioculturais. Digamos que essa cidade esteja em processo de expansão e o mesmo ocorra com a cidade Z.

Durante a expansão, ambas crescem tanto que seus limites se encontram e, assim, áreas que antes não eram urbanizadas viram área de expansão. Até que, em determinado momento, os limites não são mais perceptíveis. Puxando um pouquinho para a matemática, é como se o conjunto A e o conjunto B se encontrassem e, no meio, no que chamamos de interseção, forma-se um conjunto de elementos que simultaneamente fazem parte de A e B. No caso da conurbação, os limites territoriais continuam estabelecidos, porém não são tão perceptíveis assim.

É como se a minha cidade crescesse e se urbanizasse nas áreas de expansão até chegarmos em um ponto em que não é mais possível perceber a mudança da paisagem. Tudo se torna uma coisa só. Eu acho importante, inclusive, falarmos um pouco mais sobre essa questão da paisagem. Quando você ouve essa palavra, o que geralmente vêm à sua mente?

Na minha, sempre foram aquelas imagens típicas de papel de parede do Windows, sabe? A grama mais verde que já vimos na vida se juntando com o céu mais azul possível, ou um mar tão límpido que seria até

O gráfico representa a cidade X e a cidade Z, ambas em crescimento. A intersecção indica a área de conurbação entre as duas.

possível ver a Pequena Sereia penteando os cabelos com um garfo. Foi na faculdade que fui introduzido ao conceito de paisagem geográfica que, apesar desse nome, é muito mais simples do que parece, e prometo, faz bastante sentido.

O CONCEITO DE PAISAGEM

A paisagem geográfica é, na verdade, a paisagem como conhecemos, mas a palavra não é associada somente àqueles lugares deslumbrantes que aparecem nas listas de locais imperdíveis para visitar se você quiser passar as férias na natureza. A paisagem é dotada de elementos naturais e também culturais, do presente e do passado, bem como aqueles que nossos sentidos são capazes de interpretar.

— Ué, João, isso significa que os cheiros e sons fazem parte da paisagem?

Eu te respondo: SIM!

A paisagem nada mais é do que os diferentes aspectos que podemos perceber no espaço geográfico e a forma como podemos compreender o mundo a partir dos nossos sentidos. Isso significa olfato, visão, audição, paladar e tato. Talvez até um sexto sentido, caso você tenha. O meu é infalível, devo dizer.

E por que é importante entender essa amplitude do conceito? Por algum motivo, geralmente associamos as paisagens somente com aspectos da visão e com elementos considerados bonitos, com maior frequência aqueles naturais. Mas a paisagem cultural também é importante.

Paisagens urbanas possuem muitos marcadores culturais, ou seja, que sofrem algum tipo de intervenção humana. Aqui entram, por exemplo, aquelas famosas cidades medievais, as favelas, os arranha-céus de cidades grandes. Todos eles fazem parte da paisagem urbana e são marcadores culturais e históricos: mostram como se vive ou se viveu em determinado lugar. Mas isso não significa que toda paisagem cultural será somente aquela composta por prédios e construções humanas, ok?

Ah... quero aproveitar para contar uma história interessante sobre isso. Certa vez, estava o professor João dando aula em uma turma do sexto ano do Ensino Fundamental, explicando exatamente sobre o conceito de paisagem. Então, me ocorreu fazer uma pequena provocação aos meus alunos.

Selecionei algumas imagens e pedi para que eles me falassem se as fotos que eu mostrava representavam paisagens culturais ou naturais. A primeira imagem foi de uma plantação de soja em algum lugar do Brasil. As respostas foram quase que unânimes: PAISAGEM NATURAL! A imagem, entretanto, representava uma paisagem cultural, tal qual a de um centro urbano.

Não, eu não endoidei, nem estou mentindo para você. Uma plantação de soja é uma paisagem cultural. E por quê? A existência dessa paisagem se dá por uma intervenção humana, já que a produção de soja ocorre geralmente em grandes terrenos onde a semente é plantada.

A soja não nasceu naturalmente ali, muito menos é uma planta originária do Brasil. E aqui, voltamos a falar dos elementos que foram trazidos de outros locais do mundo (alô, capítulo 1!). Originalmente, a soja é da China e do Japão, e a disseminação desse grão no Brasil se deu exatamente devido à migração japonesa que ocorreu, sobretudo, durante o início do século XX.

Assim, mesmo que a foto nos leve a acreditar que aquela paisagem não tem nenhum tipo de intervenção humana, é preciso um olhar atento para perceber que na verdade ela só existe daquela maneira *por causa* da intervenção humana.

Outra tendência que temos é a de acreditar que apenas as paisagens naturais acabam por se misturar. Entretanto, como eu mencionei, as paisagens urbanas têm se misturado cada vez mais com a expansão das cidades.

QUANDO UMA PAISAGEM SE MISTURA COM A OUTRA

Em áreas conurbadas, a paisagem urbana das cidades é parte uma da outra, sendo difícil distinguir onde uma acaba e a outra começa. Na verdade, em muitos casos é praticamente impossível perceber, a não ser que haja algum tipo de sinalização.

Quando comecei a ir constantemente a São Paulo para visitar minha amiga Thaís, que reside em uma cidade vizinha, que se chama Osasco, eu não conseguia perceber a mudança da paisagem e nem o momento em que São Paulo deixava de ser São Paulo e se tornava Osasco. Meu único aviso a respeito dessa mudança era uma plaquinha mixuruca que tinha na avenida em que o ônibus passava.

A conurbação é um fenômeno comum em capitais e regiões metropolitanas e que, de certa maneira acaba provocando uma espécie de dependência econômica das cidades do entorno em relação ao que chamamos de metrópole. Mas esse fenômeno de ir de uma cidade a outra sem perceber não é exclusividade das capitais. Ele também existe em algumas cidades do interior. A maioria das cidades que possuem região metropolitana também possuem áreas conurbadas.

MAS, AFINAL, O QUE É UMA REGIÃO METROPOLITANA?

Pode ser que você já tenha ouvido essas palavras no noticiário: "Trânsito na região metropolitana de São Paulo", "Aumenta o turismo na região metropolitana do Rio de Janeiro", "*Lockdown* na região metropolitana de São Luís". É comum que essa referência também seja feita com a adição da palavra "grande". A Grande Porto Alegre. A Grande Belo Horizonte. O Grande Recife. A Ariana Grande... Não, calma. Essa aí não faz parte desse conjunto, não. Enfim, vamos ao que interessa.

Já mencionei o termo região metropolitana algumas vezes, mas é preciso explicar mais a fundo o que exatamente é uma região metropolitana e o que envolve esse conceito. Para ser considerada metropolitana, uma região precisa ter, necessariamente, uma cidade que esteja no topo da hierarquia urbana, ou seja, a metrópole. Essa metrópole ou núcleo urbano, densamente povoada, concentra pontos importantes no aspecto financeiro como bancos nacionais e internacionais, serviços de educação especializada, saúde, e infraestrutura de transportes e tecnologia. O que temos que entender é que ela sempre exerce uma certa centralidade econômica em relação às cidades do entorno, o que causa alguns fenômenos como a própria conurbação e movimentos populacionais, tipo as migrações pendulares. Eis aí mais um conceito que podemos explorar.

MIGRAÇÕES PENDULARES

Pense em um pêndulo. Ele faz o movimento de ida e volta. E ida e volta. E ida e volta. A migração pendular é aquela em que ocorre esse mesmo movimento de ida e volta, mas, ao invés do pêndulo, temos pessoas. Calma, não deixe a sua imaginação ir longe demais. Vou explicar mais detalhadamente o que isso significa.

Há um considerável número de pessoas que fazem o mesmo trajeto todos os dias: residem em áreas próximas a um grande centro ou cidade e, para trabalhar, estudar ou consultar um médico, por exemplo, saem de suas regiões em direção à cidade grande, geralmente pela manhã, retornando no fim da tarde.

Percebeu aí a referência do movimento de ida e vinda? Eis aí a migração pendular. Esse é um elemento comum por diversos fatores, entre eles o custo de vida nos grandes centros que acaba por ser maior do que em cidades do entorno desse local.

Esse não é um movimento exclusivo das metrópoles, no entanto. Há muitos casos de cidades pequenas que não possuem escolas ou universidades, por exemplo, fazendo com que os estudantes tenham que se dirigir a uma outra cidade que, por vezes, pode também ser pequena, mas contar com essa infraestrutura.

Como era o meu caso, inclusive. Eu saía da minha cidade e ia em direção a outra para estudar. Saía cedo e voltava tarde, movimento que se repetia todos os dias. Sim, eu era um migrante pendular.

Há cidades em que esse processo ocorre com grande parte da população economicamente ativa. Assim, elas recebem o título de "cidades dormitório", uma vez que todos os dias as pessoas saem de lá para realizar suas atividades, retornando literalmente só para dormir. E é claro que esse é um dos fatores que influencia também no desenvolvimento das cidades. Vamos falar um pouco a respeito disso?

O DESENVOLVIMENTO DAS CIDADES

As cidades se desenvolvem de maneiras diferentes, algumas tendo crescimento mais rápido e outras, mais lento. É comum que as capitais de países sejam mais desenvolvidas, ou cidades grandes como São Paulo e Rio de Janeiro, mais antigas e com um processo de industrialização e urbanização que se iniciou mais cedo. A industrialização se dá, basicamente, pela implementação da economia baseada em indústrias em locais que antes tinham economia sobretudo agrária. Já a urbanização é a mudança das populações rurais para áreas urbanas.

Agora imagine que uma cidade antes agrária comece a crescer, atraindo mais indústrias e gerando mais empregos. Mais pessoas começam a se mudar para lá e ela vai se tornando maior. Esse processo de expansão se intensifica cada vez mais e, assim, as cidades do entorno começam também a crescer. Por fim, o crescimento é tanto que elas quase que se confundem, e a cidade central passa a ser a metrópole dessa região.

Durante o processo de urbanização, ocorre a gentrificação dos bairros. E o que exatamente é isso? As pessoas vão sendo expulsas dos lugares centrais e se instalando nas periferias, principalmente, pois os terrenos – que aqui vamos chamar de *solo urbano* – e as moradias nas áreas centrais acabam recebendo mais investimento público e privado. Isso significa dizer que se tornam "lugares melhores" de se morar e, portanto, mais caros.

E por que esses lugares se tornam melhores? Pois possuem uma melhor logística de vida na cidade, sobretudo relacionada aos transportes e serviços, uma vez que quem residir nessas regiões passará a ter acesso a todas as facilidades da cidade que cresce. As pessoas que não conseguem arcar com os custos que essa localidade exige vão se deslocando para mais longe ou até mesmo para *outra* cidade.

Usamos bastante a palavra "cidade", mas o que faz com que esse termo seja aplicado a um lugar específico? O que é uma cidade e como isso é determinado? As cidades são áreas urbanizadas que têm sua denominação aplicada por meio de critérios como densidade populacional ou estatuto legal.

Geralmente, na cidade estão concentradas as maiores infraestruturas culturais, religiosas e de consumo, e é onde se desenvolve grande parte dessas atividades. As cidades podem ter zonas residenciais, comerciais e industriais, e a palavra, em geral, é contraposta com o termo "campo".

Agora que esclarecemos o significado dessa palavra, vamos conversar mais um pouco sobre a urbanização e as suas principais consequências.

AS CONSEQUÊNCIAS DA URBANIZAÇÃO

O processo de urbanização tem ocorrido com uma intensidade cada vez maior ao redor do mundo, não sendo exclusivo das regiões metropolitanas do Brasil. Johanesburgo, uma cidade na África do Sul, presenciou aumento no número de bairros dedicados a áreas turísticas consideradas *hipsters*, o que fez com que os preços dos aluguéis aumentassem, e muitos moradores tiveram que se deslocar para a periferia. Dublin, a capital da Irlanda, enfrenta um sério problema relacionado aos valores dos aluguéis, que sofreram aumento exponencial nos últimos anos por uma alta demanda e baixa oferta de moradia.

É claro que não é do dia para a noite que essa situação ocorre. Nem mesmo de um mês para o outro. É uma mudança contínua que, ao longo do tempo, aumenta o custo de vida nesses grandes centros e leva seus moradores a se mudarem para regiões limítrofes das cidades ou até mesmo para cidades vizinhas.

Ao longo dos anos, essas bordas se expandem cada vez mais, conforme essas pequenas regiões ou cidades começam a aumentar e a receber também investimentos públicos e privados como construções de lojas, supermercados, farmácias e serviços básicos. Assim, as fronteiras que antes eram percebidas ou conhecidas por serem um grande vazio, uma extensa área verde ou até mesmo um rio, se transformam em asfalto-construção, fazendo com que a mudança visual de uma cidade para outra não exista mais. Conurbação.

Se você vive ou já visitou uma cidade em que esse processo ocorreu, vai entender bem o que eu estou falando. Para você, é nítido que a única percepção de mudança de cidade é a placa com os dizeres: "LIMITE MUNICIPAL CIDADE A/CIDADE B" ou, um arco enorme escrito "SEJA BEM-VINDO A CIDADE TAL", que considero um tanto cafona, mas entendo arquitetonicamente.

Se você nunca visitou, recomendo fazer esse trabalho de campo em cidades como São Paulo ou Rio de Janeiro, pois nelas é muito perceptível a sensação de cidade grande, com prédios enormes, comércios intensos, muitos pontos de ônibus, vias com faixas bem largas. E, ao se encaminhar para onde seriam as delimitações da cidade, você não necessariamente sabe para onde está indo a não ser que lhe seja indicado.

Cerca de 85% da população brasileira que mora em áreas urbanas vivem em cidades. A chance de você que lê esse livro agora ser morador de uma cidade é bem alta e, por isso, quero trazer uma pequena reflexão aqui.

AS ESTRADAS BRASILEIRAS

Se eu perguntar se você prefere viajar de carro ou de ônibus, há grandes chances de você responder que prefere o carro. Andar de carro parece sempre mais rápido e mais confortável. Você acha que existe uma razão para isso ou acredita que seja simplesmente natural que um carro seja a forma mais confortável de viajar? Pense aí direitinho.

Para ajudar na sua resposta, precisamos voltar um pouco no tempo. Voltaremos mais ou menos setenta anos antes de esse livro ser publicado. O Brasil começava a receber os gigantes da indústria de consumo para satisfazer o desejo dos brasileiros por produtos produzidos no país. Não que não existissem carros no Brasil antes disso, mas eles eram, sobretudo, importados e apenas montados aqui. Com a chegada da indústria automobilística, foi possível passar a produzir, do início ao fim, esses bens de consumo em nosso território, o que representava uma grande vantagem na redução dos preços.

Como é possível de se imaginar, quando os carros são produzidos aqui, fica mais fácil aumentar a produção e mais barato de comprar (atenção: eu não disse que fica barato, mas sim MAIS barato).

Essa chegada da indústria automobilística se deu pela vontade desses fabricantes de explorar melhor o mercado consumidor brasileiro, formado por milhões de pessoas, e por uma iniciativa do próprio país. Sabe por quê?

Como boa parte do mundo, o Brasil tinha, no fim dos anos 40, uma frota bem envelhecida de carros, uma vez que as peças simplesmente não chegavam aqui. A Europa e os Estados Unidos estavam em guerra e a prioridade dessas indústrias era construir veículos militares. Percebeu-se então a importância de ser menos dependente da produção de outros países. Mas ainda havia um problema.

Por aqui, carro era um artigo de alto luxo e das grandes capitais, já que não havia estradas suficientes, muito menos que ligassem uma cidade a outra.

Então, se o governo queria que o brasileiro comprasse carro, o que precisava ser feito? A resposta, é claro, construir estradas!

Mas isso não podia ser feito de qualquer jeito. Essas estradas precisavam ser rápidas e bem-estruturadas. Somente assim as pessoas considerariam comprar carro como algo necessário e de fato útil.

Então, foi o que fizeram. O mesmo governo que facilitou a chegada das indústrias automobilísticas no país: o de Juscelino Kubitschek, o JK, com o apoio de arquitetos e urbanistas, estimulou abertura de inúmeras rodovias e melhorias nas vias urbanas.

Pensa comigo: para que seria necessária uma rua bem asfaltada e bonita antes se as carruagens passavam com facilidade e os carros eram poucos? Seria bobeira gastar dinheiro com esse tipo de investimento, certo? Quando, no entanto, você quer que as pessoas comprem carros, é preciso investir em boas estradas. A não ser que se trate de um comercial daqueles veículos *off road* que só faltam subir em árvores, mas acho que você deve imaginar que isso não era nem de longe o estilo dos carros da época. Se você não consegue imaginar, assista o filme *De volta para o futuro*, vai te ajudar a ter uma ideia de como as coisas eram. E não estou falando dos carros voadores, viu? Estou falando de carros normais, que as pessoas usavam e ainda usam. O voador, infelizmente, ainda está em falta.

As cidades, então, foram tomando forma seguindo a lógica do automóvel, passando a ser construídas de forma a facilitar a passagem dos carros por ali. Isso, contudo, não foi um processo sempre planejado. Com o passar do tempo e com o dinamismo das grandes cidades, surgiram ruas, avenidas e vielas sem que o investimento público fosse direcionado a elas. Não é à toa que a maioria das promessas de campanha dos candidatos em ano de eleição é: "Eu vou asfaltar as ruas". Tô mentindo?

— Mas, João, o que isso tem a ver?

Bom, esse estímulo ao carro abriu a possibilidade de interligar as cidades ao redor de uma grande cidade através de extensas vias asfaltadas, fazendo com que, ao longo do tempo, a paisagem entre elas se tornasse muito parecida.

A lógica do automóvel tem influência direta nas ruas e vias extremamente largas que vemos nas cidades. Essas ruas se tornaram praticamente o modelo padrão da construção das cidades, uma vez que os automóveis precisam passar e, para isso, é necessário espaço.

Isso significa, também, que se torna necessário mais espaço para a construção dessas vias. Ao longo do tempo, ocorreram demolições de casas, prédios, praças, desapropriação de terrenos em lugares mais centrais para ceder espaço à construção de vias no centro das cidades para que então os carros pudessem passar.

Além disso, se a lógica agora era andar de carro, era preciso pensar no momento em que eles parariam também, porque até mesmo os carros da Corrida Maluca param em determinada hora, não é mesmo? E, é claro, precisava-se então que as áreas vazias próximas a lugares de grande circulação de carros se tornassem facilitadoras dessas paradas. Com estacionamentos, você pensa? Sim, claro, mas que tal aliar esses estacionamentos com algo que faça as pessoas consumirem ainda mais? Eu ouvi lojas? Eu ouvi centros comerciais? Pois é!

E conforme aumentava a venda de automóveis, era necessário mais espaço. E quanto mais esses espaços eram construídos, mais investimentos ocorriam na venda de automóveis. Um ciclo constante que culmina, como já falamos, na gentrificação, o processo de expulsão de moradores e modificação do espaço.

E aqui eu queria mostrar para você toda perversidade desse processo. Ao longo do tempo a cidade vai ganhando novas formas e dinâmicas, mas esse processo nem sempre funciona de maneira simples e harmônica. A gentrificação, por exemplo, pode ser compreendida enquanto um conjunto de ações que fazem com que determinado lugar seja valorizado, geralmente em regiões que, por muito tempo, foram habitadas por populações mais pobres. Isso soa bom, né? Mas o que é importante frisar é que essa valorização significa exatamente a expulsão dessa população pobre. Não é como se o lugar fosse valorizado para se tornar mais legal para que eles morassem lá, mas sim como se alguém visse esse local, pensasse *"Uau, poderia construir coisas incríveis se não tivessem essas pessoas aqui"* e, então, prosseguisse para a expulsão dessas pessoas dos locais em que vivem.

Com essa supervalorização, os investimentos de grandes empresas são destinados a essa localidade e, assim, a população de baixa renda local é expulsa.

Esse processo pode ocorrer de forma mais lenta ou aceleradamente, quando, por exemplo, ocorrem grandes eventos que exigem a construção rápida de novas estruturas. A Copa de 2014 e as Olimpíadas de 2016 são excelentes exemplos para visualizar a gentrificação acelerada dentro do contexto brasileiro. Como você pode imaginar, um evento como uma copa do mundo ou olimpíada exige a existência de estruturas em que possam ocorrer os jogos e competições, mas também locais para que os atletas e torcedores sejam recebidos e possam confraternizar.

Você deve se lembrar que, na Copa de 2014, foram construídos diversos estádios nas cidades em que ocorreriam os jogos. Para que tais estruturas fossem construídas, a população que ali vivia foi expulsa. É como se, literalmente, os prédios e grandes centros urbanos chutassem as casas e a população mais pobre. E o *plot twist* é que, no caso desses estádios, muitos não foram mais utilizados após o fim da copa. Ou seja, pessoas perderam suas casas para que tais construções pudessem existir, sendo utilizadas somente durante o período do evento e esquecidas logo depois.

Esse é outro movimento muito comum da gentrificação ao redor do mundo quando ocorrem esses grandes eventos. É só fazer uma rápida pesquisa para encontrar todas as polêmicas envolvendo as construções de estádios na Rússia e no Brasil, bem como os protestos de pessoas que não desejavam que aqueles eventos ocorressem ali.

Agora, voltando um pouco para o carro, vamos falar sobre a necessidade que nossa sociedade criou acerca desses bens de consumo e tecer um paralelo com algo que eu sei que você adora ver: *stories* de influenciadores viajando para a Europa.

A NECESSIDADE DO CARRO

Você já deve ter visto vídeos circulando na internet de pessoas viajando para a Europa e exaltando a possibilidade de andar de bicicleta, caminhar por ruas em que não passam carros ou atravessar sem medo na faixa de pedestres. Que lindo...

Como disse, com a vinda da indústria automobilística, as cidades passaram a ser pensadas de forma a acomodar os automóveis, com mais ruas, mais estacionamentos. A cidade não foi pensada para a locomoção do transporte público. Ainda que um único ônibus tenha a capacidade de levar mais de seis vezes o número de pessoas que um carro, não é essa a imagem que nos é vendida. Querem que compremos carros. Só que carros ocupam espaço.

O que você acha que ocupará mais espaço na rua: seis carros com cinco pessoas cada ou um ônibus com trinta pessoas? Isso sem falar na quantidade de vezes que vemos uma única pessoa dentro do carro. E o que isso tem a ver com o cenário europeu que eu descrevi?

Ainda que lá as cidades também tenham, de certa forma, se desenvolvido pensando em automóveis, os espaços com pedestres e para bicicletas ainda são respeitados. Isso significa que há ciclovias e leis que protegem o pedestre, com multas severas para o motorista que desobedecer. Ações que são valorizadas pelo turista brasileiro que viaja para lá, mas rechaçadas pelo mesmo turista quando há uma tentativa de implementação em sua cidade. Vide, por exemplo, os protestos em São Paulo devido à construção das ciclofaixas.

Essa supervalorização do automóvel acima de tudo faz com que os motoristas se transformem como o Pateta naquele famoso desenho, sabe? Quando está fora do carro, enquanto pedestre, ele é o amável e gentil sr. Walker, que cheira as flores e cumprimenta os vizinhos. Assim que entra no carro, se torna o sr. Wheeler, um motorista inconsequente que buzina sem parar e xinga todo mundo, achando que nada é mais importante do que seu automóvel. Se você nunca viu esse desenho, procure por *Pateta no trânsito* na internet, garanto que não irá se arrepender. Ou se matricule em uma autoescola: parece quase obrigatório que eles passem esse vídeo aos futuros motoristas.

Ao mesmo passo, o Brasil não se preocupou em desenvolver ou incentivar outros modais de transporte como o hidroviário e ferroviário. À toa? Não. Sigo pela linha de pensar que o automóvel só recebe tanta atenção por conta das grandes empresas, mas isso é papo para outro livro.

    É verdade que algumas cidades implementaram ferramentas capazes de facilitar a locomoção das pessoas, como faixas exclusivas para ônibus urbanos, ciclofaixas, ampliação das linhas de metrô e trem. O que temos que entender é que, sim, o Brasil possui um número de automóveis elevado, sobretudo, nas grandes cidades, o que acaba por inflar os grandes centros principalmente nos horários de pico – quando as pessoas estão indo e voltando de suas atividades dentro do horário comercial. Porém, a maior parte da população ainda depende do transporte público (ou nem tão público assim, haja vista os valores absurdos que as tarifas urbanas estão chegando em alguns lugares).

A VIDA NO TRÂNSITO

Uma medida que busca diminuir o fluxo automobilístico é o chamado rodízio de veículos, implementado na cidade de São Paulo e existente em outras grandes cidades pelo mundo, como Cidade do México, no México, e Bogotá, na Colômbia. Nessa medida, placas com finais de números específicos não podem circular nos horários de pico a depender do dia. A intenção é diminuir a quantidade de carros na rua e reduzir os engarrafamentos. Mas pensa comigo: se é necessária uma medida dessa para que a cidade possa dar conta dos automóveis, temos um problema estrutural e de logística, certo? Sim, certíssimo. Um dos maiores problemas das grandes cidades é administrar o funcionamento do trânsito e, ao mesmo tempo, um dos melhores caminhos para que as pessoas economizem tempo, pois na vida urbana o tempo é primordial. Ou você acha que existem trabalhadores que gostam de passar horas dentro do transporte público?

    Lembro de uma amiga que demorava cerca de duas horas para ir e duas horas para voltar do trabalho. Ela me contou que aproveitava o tempo dentro do ônibus para fazer coisas como se maquiar, ler, montar uma apresentação de slides ou tirar um cochilo. Eu acho um tanto quanto trágico que as horas dentro do ônibus fossem utilizadas para fazer o que ela deveria fazer em casa.

O trânsito em grandes cidades brasileiras é tão intenso que pode praticamente triplicar o tempo necessário para percorrer uma determinada distância.

Isso também faz parte do conjunto de ações que torna as áreas centrais das cidades cada vez mais supervalorizadas. À medida que essas áreas se encarecem, menos pessoas podem pagar por residências nesses lugares e, assim, devem morar cada vez mais longe e se tornar cada vez mais dependentes do transporte público para chegarem em seus locais de trabalho ou de estudo.

Em muitos casos, terrenos e imóveis em áreas em valorização são comprados e deixados de lado para serem revendidos por um valor mais alto. Por exemplo, se eu compro um apartamento hoje por um valor X e, daqui alguns anos, tem-se a construção de um shopping, um hospital e uma linha de metrô próximos ao meu prédio, o valor do meu apartamento com certeza será de ao menos 3X. A essa formação denominamos, como o próprio nome já diz: especulação imobiliária. O que me lembrou alguns trechos da música *Lucro* do BaianaSystem: *"Tire as construções da minha praia"*.

Mas você lembra como começamos este capítulo? Falando sobre paisagem. E ainda que a discussão central aqui sejam paisagens culturais, é essencial entender que elas exercem influência nas paisagens naturais. E já que o BaianaSystem mencionou praia, vou trazer um exemplo recente para que você possa entender.

A praia de Balneário do Camboriú, em Santa Catarina, está passando por um processo de alargamento de sua orla. Para tal, há muita areia e sedimentos que são remexidos, atraindo peixes que desejam se alimentar dos pequenos crustáceos que ali se incrustam. Esses peixes, por sua vez, atraem tubarões. Tem sido comum o avistamento de tubarões de até dois metros na região. Mas por que estão alargando a orla da praia, afinal? Bem, porque construíram prédios demais e altos demais ali, o que gerou muita sombra sobre a praia e, naturalmente, diminuiu a orla, para início de conversa. Então, agora, estão tentando remediar a situação.

Os impactos ambientais da gentrificação são muitos. Repare que muitas cidades grandes têm uma diminuição de suas áreas verdes. Isso, por sua vez, tem impacto na saúde e até segurança da população. Está tudo conectado.

PROFESSOR, PODE DAR UM EXEMPLO?

Com o tempo, essas áreas centrais se tornam cada vez maiores, e caso você seja um leitor interiorano e não tenha a experiência de presenciar esses processos acontecendo, vale dar aquela pesquisada nas imagens de limites municipais e áreas conurbadas, por exemplo. Vou adiantar o seu processo e te citar alguns lugares no Brasil e no mundo.

De acordo com o Instituto Brasileiro de Geografia e Estatística, mais conhecido como IBGE (você já deve ter escutado essa sigla por aí), o Brasil possui uma série de Regiões Metropolitanas. Algumas já foram citadas aqui, mas darei mais exemplos. Temos São Paulo (RMSP), Rio de Janeiro (RMRJ), Salvador, Belém, Belo Horizonte, Curitiba, Fortaleza, Manaus, Porto Alegre, Recife, Goiânia entre outros. O Distrito Federal é entendido enquanto Região Integrada de Desenvolvimento e abrange os municípios do entorno. Em sua maioria temos capitais de estados, mas esse não é um fato exclusivo delas. Pesquise pela cidade de Campinas que você vai entender do que estou falando.

Como já exemplifiquei no começo do capítulo, temos a região de São Paulo, Santo André, São Bernardo, São Caetano e Diadema (faltou essa antes, mas não posso deixar de citá-la), que formam quatro cidades tão conectadas que é quase impossível distinguir onde começa uma e começa a outra. O famoso ABC ou ABCD paulista.

Internacionalmente, as maiores regiões metropolitanas do mundo e que concentram o maior número populacional são: Tóquio, no Japão, Xangai, na China, Jacarta, na Indonésia e Cairo, no Egito. Nova York e São Paulo possuem um número populacional parecido. São Paulo tem cerca de 22 milhões de habitantes e Nova York tem cerca de 30 milhões. Porém, Nova York acaba exercendo uma centralidade maior em aspectos financeiros e de serviços no âmbito global.

PROBLEMAS URBANOS

Toda vez que pensamos em cidade, urbanização, industrialização e tudo que envolve o processo social de construção contínua de uma cidade, existe algo que sempre pontuamos: os problemas urbanos. E, como você pode imaginar, eles são muitos, e é importante entendê-los mais a fundo. Pode até ser que você conviva com vários deles sem saber o nome correto. Existem aqueles problemas que estão mais próximos da nossa realidade, seja na porta de casa ou pela tela da TV, internet e notícias que acabamos por consumir. Enchentes, alagamentos, deslizamentos, violência urbana, problemas no tráfego e locomoção, poluição sonora e moradias irregulares são alguns deles.

Muitas vezes as pessoas projetam certa expectativa de melhoria da qualidade de vida nas grandes cidades, mas nem sempre essa projeção é correspondida. Um bom exemplo de filme que retrata muito bem o que estamos pontuando aqui é o *Central do Brasil*. Confesso que esse é um dos meus filmes favoritos. Fernanda Montenegro, você sabe que esse Oscar era para ser seu.

Fiquei pasmo quando descobri que ela não ganhou.

Central do Brasil é um filme do ano de 1998 e um excelente retrato dos movimentos populacionais que acontecem nas cidades. Ambientado na própria Central do Brasil, no Rio de Janeiro, o filme conta a história de Dora, uma professora que se dedica a escrever, ler e enviar cartas para analfabetos que chegam e saem do Rio de Janeiro. As camadas que o filme se dedica a aprofundar mostram as diversas nuances dos movimentos migratórios no Brasil. Idas, vindas e muitas histórias. Já diria a famosa música de Maria Rita e tema da novela *Senhora do Destino*: "Todos os dias é um vai e vem, a vida se repete na estação".

Caso você não tenha assistido a esse filme, ou à novela, fica aqui minha indicação de dois grandes clássicos do audiovisual brasileiro. Faz uma pipoquinha e separe uns lenços, porque você vai chorar. Mas voltando ao tema deste capítulo, o movimento do filme *Central do Brasil* é importante para compreendermos que as pessoas que se deslocam pelo país e vão para outros lugares não possuem a mesma história ou realidade de vida.

Você já deve ter escutado o termo "êxodo rural" em algum momento da sua vida. Caso tenha, ótimo vamos recapitular. Caso não, fique tranquilo. Vou te explicar. (Até rimou!)

O êxodo rural foi um movimento de saída das pessoas das zonas rurais em direção às zonas urbanas, que ocorreu de forma mais intensa no Brasil entre os anos de 1960 e 1980. Como já vimos, esse foi um período de intensificação da industrialização e, assim, os empregos se encontravam nessas cidades. Uma das características desse movimento é a intensificação da urbanização e expansão desmedida das periferias urbanas, por motivos que já expliquei aqui. O foco da mudança eram as zonas urbanas.

Muitas cidades registraram aumento populacional durante esse período, sobretudo em São Paulo, Rio de Janeiro e Minas Gerais, mas não sendo exclusivo desses estados. Algumas questões sociais e econômicas começaram a se intensificar devido à baixa infraestrutura que as cidades possuíam (e ainda possuem) para receber um elevado contingente populacional em tão pouco tempo. É, pode não parecer mas não é muito tempo, e uma cidade precisa de política de Estado e investimento para se estruturar a receber as pessoas e manter a qualidade de vida da sua população.

Os problemas urbanos revelam a desigualdade que faz parte da maioria das cidades do Brasil. Temos a tendência de naturalizar determinados problemas sociais como pessoas em situação de rua, enchentes, questões sanitárias, entre outras. Essa nossa naturalização parte da ideia de que "na cidade é assim mesmo", mas agora eu te pergunto: é assim mesmo, ou é falta de responsabilização? Fica aí o questionamento.

As cidades crescem na mesma medida em que os problemas também. O aumento do consumo, da produção de lixo, e de outros fatores que serão abordados mais adiante, em um capítulo exclusivo para esse tema, se relacionam diretamente com a urbanização, a industrialização e tudo que esses processos envolvem. É muito importante entendermos quais são as consequências do que foi abordado neste capítulo para que muitas das notícias que vemos hoje em dia façam mais sentido. Mas vamos adiante que ainda teremos muita coisa para aprender e pensar juntos.

7 ESSE RIO PARECE MAR

Para dar o tom certo para a leitura deste capítulo, imagine-se assistindo a um daqueles famosos programas de investigação policial.

A tela fica toda escura, o título do programa aparece em letras brancas, com uma música de fundo ideal para aumentar o mistério.

Pronto? Então vamos lá.

No capítulo de hoje...

Está bem, é brincadeira. Mas agora estou falando sério, prepare-se para um novo passeio. Neste capítulo, viajaremos para adentrar num mundo que muito me interessa: o das águas, dos rios... E você sabia que viajar é uma característica dos rios?

O filósofo grego Heráclito dizia que ninguém pode se banhar duas vezes no mesmo rio, pois quando entramos, novas águas substituem aquelas que nos molharam antes. Isso quer dizer que os rios percorrem diversos caminhos e suas águas estão sempre mudando.

Se esse exemplo parece longe demais da sua realidade, podemos recorrer novamente à Disney e nos lembrarmos de uma música cantada pela Pocahontas: "Lá na curva o que é que vem". A canção se inicia exatamente dizendo que o que ela mais gosta no rio é que ele nunca está igual, a água muda e vai correndo. E ela segue cantando, acompanhando o curso do rio. Eu não sou a Pocahontas, mas devo dizer que acompanhar um rio é uma das coisas mais bonitas que eu já presenciei, e entendo a vontade de sair cantando para ele.

SENTA QUE LÁ VEM HISTÓRIA

Sim, eu viajei por um dos maiores rios do mundo, o nosso rio Amazonas. Eu e mais quatro amigos, todos professores de geografia, como você já dever ter adivinhado, decidimos viajar pela primeira vez juntos. Sabe aquela máxima que diz que só quando a gente viaja com outra pessoa é que a conhece de fato? Você pode estar pensando: *"Putz, aposto que deu briga no segundo dia de férias..."*

É, não vou negar que rolaram alguns estresses, mas no final tivemos uma das maiores experiências que um professor de geografia criado no Sudeste do Brasil poderia ter. Na verdade, uma das maiores experiências que qualquer pessoa poderia ter.

Chegamos em Santarém, terceiro município mais populoso do Pará, e fomos até Alter do Chão, que fica a cerca de 37 quilômetros de distância dali e é o principal ponto turístico da região. Ficamos lá alguns dias e conhecemos a famosa Ilha do Amor. Para chegar lá, atravessamos o rio num barco, a viagenzinha custou em média cinco reais e durou menos de dois minutos. Sim, é muito perto. E o mais legal é que, fora da época da cheia do rio, é possível atravessar até lá a pé.

Mas você já deve ter percebido que a mente de um geógrafo funciona um pouco diferente. Metade de mim era encantamento com a paisagem e a outra metade era análise do ambiente para entender tudo o que acontecia ali. E a sorte de estar com outros geógrafos era poder conversar a respeito.

Foi ali que comecei a perceber que a relação que eu tinha com os rios era diferente das outras pessoas. Esses rios gigantes sempre foram minhas referências no aprendizado, mas eu os via apenas na televisão, no computador ou em ilustrações de livros. Não sabia seu cheiro, sua cor real, a sensação da água tocando a minha mão. E agora, eles estavam ali, bem na minha frente. Passamos alguns dias incríveis lá e depois seguimos viagem para o nosso próximo destino: a capital, Belém.

O ACIDENTE DO BARCO-MOSCA

Já estava tudo programadinho em um roteiro montado com intensa pesquisa e informações coletadas de outros amigos que já tinham feito o mesmo circuito. Pegaríamos um barco entre Santarém e Belém e a travessia levaria cerca de dois dias. Quase um barco-hostel. Compramos as redes, a passagem, nos munimos com alguns lanches e seguimos viagem. Dentro do barco, que por sinal estava lotado, colocamos nossas redes nos ganchos disponíveis para tal fim, buscando ficar perto uns dos outros. Eram muitas cores, as redes davam vida para o barco, a música do bar era muito alta, (algo que no começo era divertido, mas que depois começou a me irritar); na lateral, tinha algumas cabines para quem quisesse ter um espaço mais reservado por um valor um pouco mais alto. Era um pouco claustrofóbico e como não tínhamos muito dinheiro, decidimos ficar nas redes mesmo. No andar de baixo tinha um restaurante, mas também era lá onde ficavam as cargas – que variavam de uma moto até galinhas vivas – que seriam enviadas para as cidades que a gente fosse parando. O barco saiu.

O que ninguém te conta dessas viagens são os pensamentos doidos que vêm à mente. No começo fiquei com um pouco de medo de pensar:

"Gente e se esse barco afundar?";

"Eu não quero virar notícia de tragédia, não."

Cheguei até a me lembrar de um episódio do Linha Direta que mostrava o acidente com o Bateau Mouche IV – doido. Se você nunca ouviu falar desse acidente, vou contar rapidamente.

Um *bateau mouche* é uma embarcação turística que geralmente navega em rios. Ainda que exista o nome em português, barco-mosca, é mais comum chamarem pelo nome em francês, bem mais chique. Pois bem. No dia 31 de dezembro de 1988, um desses barcos partiu da Baía de Guanabara, no Rio de Janeiro, rumo à praia de Copacabana, naufragando no caminho. Havia 142 pessoas a bordo e 55 delas faleceram. O laudo concluiu que o barco estava superlotado, já que sua lotação máxima era de 62 passageiros.

Eu sei que não é exatamente de bom agouro pensar em tragédias de naufrágios quando estamos navegando, mas é quase impossível. Devo tranquilizar você e dizer que deu tudo certo. Curti cada minuto da travessia, fiz alguns amigos no barco, batemos papo e, sempre que possível, subíamos para o segundo andar (como disse, era um barco grande o suficiente para ter andares) e ficávamos observando tudo que nos cercava lá de cima.

CIDADES ISOLADAS

Algo muito legal o que acontecia a cada vez que, esporadicamente, o barco parava em determinada cidade para que alguns passageiros descessem e novos subissem. Era normalmente nesses pontos que o sinal de celular pegava e eu aproveitava para anotar o nome das cidades por onde passávamos para poder pesquisar depois.

A minha visão de principiante do Sudeste fazia com que minha mente automaticamente pensasse que aquela era uma pequena cidade isolada. Peço perdão aos meus professores da faculdade e explico a você, caro leitor, o porquê.

Durante a adolescência, quando resolvi cursar um técnico em transporte de cargas (que abandonei quando me deparei com inúmeros cálculos que faziam que eu ficasse mais confuso do que a Nazaré no meme), tive uma professora que me ensinou algo muito importante. Cidades pequenas não são sinônimos de cidades isoladas. Veja, por exemplo, as cidades pelas quais passei. A cada parada, desciam e subiam pessoas novas no barco, que é um meio de transporte hidroviário. Como ela poderia ser isolada se o transporte chegava ali?

Geralmente associamos o meio de transporte somente ao terrestre ou aéreo, já que acabam sendo relativamente mais comuns no dia a dia. Vemos ônibus, carros, vans, aviões que cruzam o céu, mas, a depender de onde você mora, não necessariamente um barco faz parte da sua modalidade diária de transporte.

Há um grande número de cidades, entretanto, que depende de barcos como meio de transporte, e não estamos falando apenas de cidades em regiões litorâneas. Vamos ver um pouco mais das cidades que anotei para você compreender melhor do que estou falando.

POR ONDE ANDEI (OU SERIA NAVEGUEI?)

Como eu disse, aproveitei os momentos em que havia sinal de celular para anotar os nomes de algumas das cidades pelas quais passávamos.

Uma das cidades que anotei foi Breves, um município com mais de 100 mil habitantes, sendo o transporte hidroviário a principal forma de acesso à cidade. Repito: a crença de que tudo é feito e controlado pelos carros pode assustar um pouco quando consideramos esse outro tipo de transporte, certo? Mas estou aqui para te dizer que, para quebrar isso, você deve fazer a mesma viagem que eu. Continua anotando o roteiro aí.

No meio das 48 intermináveis horas, adentramos no rio Amazonas. E, sim, minha gente, ESSE RIO PARECE MAR! Eu olhava para a direita e não via a borda, olhava para a esquerda e não via a borda. (Devo dizer que o Bateau Mouche IV veio novamente à minha mente, mas abstraí.)

O visual era lindo, muito mais incrível do que eu sequer conseguia imaginar ao ler a respeito. Eu estava bem no meio de um dos maiores rios do mundo, a melhor aula de campo que um professor de geografia poderia ter. Registrei esse momento com vídeos e fotos que guardo com muito carinho até hoje.

Mas vamos fazer uma pequena pausa nessa narrativa para que eu possa pontuar algumas coisas. Não se preocupe, daqui a pouco eu volto para te contar o restante da viagem porque, acredite, ainda tem muita história para contar.

A NOSSA RELAÇÃO COM OS RIOS

Já deu para perceber que o tema central aqui é a relação que estabelecemos com os rios no nosso dia a dia e como ela é importante para determinar muitas coisas, certo?

Durante essa viagem, eu vi barcos escolares, igrejas, cidades e vidas que acontecem próximas ao rio e estabelecem com ele uma relação íntima de convívio, muito diferente da minha compreensão.

Isso me fez pensar ainda mais na importância dos rios para a nossa vida em qualquer lugar do planeta e como eles são capazes de moldar a sociedade.

VOCÊ JÁ PERCEBEU QUE A ÁGUA ESTÁ SEMPRE DESCENDO?

E quero dizer sempre mesmo, sem exceção... na natureza, a água está sempre indo do ponto mais alto para o ponto mais baixo. Isso acontece por causa da gravidade, uma força que nos pressiona de cima para baixo e que, inclusive, faz com que a gente não fique flutuando por aí igual os astronautas fazem no espaço.

Os mais desconfiados vão perguntar:

— Será mesmo?

E eu digo:

— Vamos testar, então?

Pegue um balde de água (tudo bem, pode ser um copo grande) e vá até uma rua que seja um pouco inclinada. Ou então, use uma mesa mais inclinada que tenha por aí. Derrame essa água e observe o que acontece: ela começa a *descer* e escorrer para o lado mais baixo.

Pode parecer um exercício bobo, mas ele é importante para entendermos o comportamento da água e é o mais básico de todos para entendermos como funciona um rio: mesmo que a diferença de nivelamento seja bem pouca, a água sempre vai para o ponto mais baixo.

É por isso que os ralos de banheiros e quintais são sempre ligeiramente mais baixos, permitindo que a água da chuva ou da limpeza escorra naturalmente até lá e, assim, o ambiente não fique alagado.

É esse caminho da água, do ponto mais alto para o mais baixo, que faz formar as cachoeiras ou "quedas d'água". *Queda*, viu?

Vou até arriscar meu inglês aqui: cachoeira em inglês é *waterfall*, "Water" significa água, "Fall" significa cair. Ou seja, água caindo. Sim, porque durante o percurso do rio pode haver grandes diferenças de altitude e relevo. A partir daí, vão surgindo as cachoeiras que podem ser mais tranquilas quando essa diferença é menor, mas podem ser *enooooormes* quando a diferença é maior.

Quando essas quedas d'água são grandes e muito intensas, quase em forma de cortina, tem-se as famosas cataratas. Um exemplo famoso é o das Cataratas de Niágara, eternizadas no episódio em que o Pica-Pau teima que quer descer em um barril. É aquele episódio com as personagens de capa de chuva amarela, lembra? Então.

Pois nós também temos cataratas famosíssimas mundialmente em território brasileiro: as Cataratas do Iguaçu. Na verdade, a dividimos com a Argentina, uma vez que elas se localizam na fronteira entre os países. Do lado argentino, estão em uma província chamada Misiones e, do lado brasileiro, se localizam no Parque Nacional do Iguaçu, no Paraná.

Sua beleza atrai milhares de turistas ao longo do ano, ávidos para verem o conjunto de cerca de 275 quedas de água consideradas Patrimônio Natural da Humanidade. Eu ainda não tive oportunidade de conhecer pessoalmente, mas estou sempre vendo as fotos e vídeos pelas redes sociais e fico impressionado.

Já entendemos, então, que os rios estão em movimento constante e que são muitas as formações de água que existem no nosso planeta. Mas uma dúvida que pode surgir é: se os rios percorrem dos pontos mais altos para os mais baixos, como é que eles se formam? Como, afinal, surgem os rios?

ONDE NASCEM OS RIOS

Para entender o surgimento dos rios temos que entender que a água, um dos elementos mais importantes para a vida na Terra, tem um ciclo de começo, meio e fim e que funciona dessa forma há milhares de anos.

A água existe no nosso planeta em três estados: gasoso, sólido e líquido. A água, na sua forma gasosa, está presente no ar e, em sua maioria, nas nuvens; na forma líquida está nos rios, lagos, mares e oceanos. No estado sólido, costuma ser encontrada em lugares frios como a Antártida, na forma de neve ou na formação de chuvas de granizo, por exemplo. Essas ocorrências se dão de forma natural, mas nós, seres humanos, conseguimos também manipular artificialmente o estado da água. É por isso que não importa quão quente é a sua cidade, ainda é possível achar gelo dentro do congelador da sua casa, não é mesmo? Quer dizer, isso se ninguém esquecer de encher as forminhas. Tem sempre alguém que faz isso...

Então, o tão famoso ciclo da água é basicamente a própria água sendo evaporada pelo calor do sol e formando as nuvens na atmosfera onde é mais frio, fazendo com que as nuvens tenham água em estado líquido.

— Eita, como assim? Está certo isso?

Sim, as nuvens têm água no *estado líquido*.

Muita gente acha que toda a água que está nas nuvens ocorre somente em forma de vapor, mas se a água da chuva vem da nuvem, então ela também deve ter água em estado líquido, certo?

As nuvens são formadas por minúsculas partículas de água líquida e de cristais de gelo. Seriam elas, então, um rio voador? SIM! É tipo isso mesmo.

No Brasil, e principalmente sobre a Amazônia, a gente dá o nome de rios voadores para a quantidade de água IMENSA que se forma nas nuvens por causa da evaporação da água presente na floresta, nos animais e no rio Amazonas, o mesmo que eu vi com meus próprios olhos míopes.

Pois bem, o ponto é que toda essa água que está no céu fica superpesada, e o resultado você já pode imaginar: são as chuvas ou precipitações. Uma curiosidade: se ocorrem em forma de neve, são chamadas de precipitação nival. (Eu adoro essa palavra, "nival".)

Temos, então, a chuva, trazendo a água de volta para a superfície. Ela escorre para rios, mares, lagos, oceanos e até mesmo se infiltra no solo, formando o que a gente chama de lençol freático. E o que exatamente são os lençóis freáticos?

Eles são uma espécie de reservatório de água que existe nas partes subterrâneas da Terra. Em alguns casos, essa água subterrânea pode escoar até encontrar um local para escapar, formando uma nascente.

Mas os lençóis freáticos não são considerados rios, tá bom? Pois não são necessariamente uma grande massa de água, como temos de hábito, sendo em sua maioria alimentados pela água da chuva e constituindo-se de forma permeável. É como se o solo fosse uma grande peneira que a água atravessasse para se resguardar abaixo dele.

E pode ser que, durante alguma propaganda eleitoral, você tenha ouvido a palavra "aquífero" e esteja pensando que eles são lençóis freáticos. Ainda que sejam reservas de água subterrânea, lençóis freáticos e aquíferos são coisas diferentes. A água encontrada no aquífero é mais purificada. E por que isso ocorre?

O lençol freático se encontra mais na superfície do que o aquífero e, por isso, sua água é menos filtrada (como se tivesse passado por uma única peneira) e diretamente afetada pela vegetação do local em que se encontra. Sendo mais profundo, o aquífero é mais filtrado (passa por mais peneiras do solo) e, por isso, sua água é mais pura e isolada da vegetação.

O Brasil conta com muitos desses reservatórios subterrâneos que armazenam um grande volume de água. Os três principais são o Aquífero Guarani, localizado no Brasil, Paraguai, Uruguai e Argentina, o Aquífero Alter do Chão (olha ela aí de novo), que engloba regiões no Amazonas, Parará e Amapá, e o Aquífero Cabeças, localizado na Bacia Sedimentar do Parnaíba.

CADÊ A ÁGUA?

Você já deve ter ouvido falar na crise hídrica. De vez em quando aparece na televisão ou somos vítimas dela ao ligarmos a torneira e percebermos que não está saindo nada. Ou quando você se prepara todo para o seu banho, se ensaboa e, aplica o shampoo e, na hora de enxaguar, vê que a água acabou repentinamente. Mas como raios falta água em um país com tantos rios?

Como já vimos, o Brasil tem os reservatórios de água para abastecer as casas da população. Porém, problemas de gestão dos recursos naturais têm feito com que, nos últimos anos, os níveis de água desses reservatórios fiquem baixos quando não deveriam.

Pensa comigo: o maior reservatório brasileiro, o Aquífero Alter do Chão, fica no Norte do país. Mas, como vimos em outro capítulo, o Brasil concentra uma grande quantidade de pessoas no Sudeste e Nordeste. E agora, como faz?

É aí que entra uma boa gestão. Não dá para pedir para que cada pessoa vá até o reservatório lá na Amazônia e encha seus baldes de água para levar para casa, certo? Então, é importante que essa água vá até as pessoas. E é claro, isso custa dinheiro. E quando as coisas custam dinheiro, a coisa fica doida. Má distribuição e problemas de gestão, eis o principal motivo da falta de água no país.

Aproveitando que estamos falando tanto dela, faça uma pausa, beba um copo de água.

Agora que estamos todos devidamente hidratados, vamos continuar a leitura.

O CICLO DAS ÁGUAS

Como vimos, a água cumpre um ciclo constante. Em alguns lugares, é possível ver esse ciclo acontecer de perto. Em um dia quente de verão em São Paulo, dá para enxergar a água evaporando próxima do asfalto e ver as nuvens que se formam ao longo do dia para que, no final da tarde, ocorra aquela famosa chuva intensa, a tempestade de verão.

A água da chuva se acumula no solo e vai escorrendo do lugar mais alto para o lugar mais baixo. Depois de um tempo, ela desapare... ERRADO! A água não desaparece como um truque de mágica, não. Ela vai para os pontos mais baixos e lá, junta-se a um rio que, na cidade de São Paulo, provavelmente está escondido debaixo do asfalto.

—Não. Calma, aí, João. Como assim tem um rio embaixo do asfalto?

Parece conversa de gente doida, eu sei, mas acompanhe o raciocínio que você vai entender tudo.

CADÊ O RIO QUE ESTAVA AQUI?

Seria muita coincidência (e muito conveniente) se um rio tivesse um percurso todo nivelado e sempre do mesmo jeitinho, né? Seria muita coincidência se encontrássemos nos rios localizados nas cidades uma área reservada para escoar a água e que já estivesse adaptada para receber um determinado volume de chuvas. Para entender do que estou falando, preciso explicar sobre a canalização de rios.

A canalização é um conjunto de modificações feitas no leito ou no trajeto de rios, córregos e ribeirões. Esses rios podem ter seu curso modificado e são cobertos por alguma superfície dura, geralmente de concreto, e impermeável. Analisando o próprio nome, é como se o rio fosse colocado num cano.

Isso pode ser feito para diminuir a área que um rio ocupa, no caso de rios mais largos, para aumentar a velocidade de escoamento, para controlar o esgoto ou prevenir enchentes. Ao menos na teoria funciona assim... Veremos na prática.

Houve um certo tempo em que essa história de canalização era moda ao redor do mundo. Na verdade, há indícios de que essa prática já ocorria no Egito antigo, nas tentativas do homem de exercer controle sobre a natureza.

Em Toronto, no Canadá, tem-se uma intricada rede de rios canalizados, e há um projeto que visa recuperar o maior de todos eles, o Garrison, transformando-o em uma série de lagos conectados para coletar e filtrar a água da chuva.

Brescia, cidade no norte da Itália, também conta com rios canalizados. Há, inclusive, um tour específico que permite conhecer a Brescia subterrânea, visitando esses cursos de água.

Grandes avenidas na cidade de São Paulo escondem debaixo do asfalto rios que, por meio de obras gigantescas da engenharia, são canalizados, e, muitas vezes, têm até o seu percurso redirecionado. A cidade conta com mais de três mil quilômetros de rio bem debaixo dela. O que algumas pessoas denominam como rios invisíveis de São Paulo são bem mais comuns do que se imagina.

O Vale do Anhangabaú e o Viaduto do Chá, pontos turísticos de São Paulo, escondem um rio por debaixo de suas famosas construções. E eu duvido muito que a maioria das pessoas saibam dessa informação, mesmo andando de lá para cá sempre.

Ainda que a capital paulista seja a líder de resultados quando pesquisamos por rios invisíveis, há dois companheiros de região que não ficam atrás: tanto Rio de Janeiro quanto Belo Horizonte são cidades que contam com rios escondidos embaixo de seus asfaltos.

Lembra-se do papo que tivemos sobre como quando os carros chegaram, tudo o que importava era ter cada vez mais espaço para que essas máquinas pudessem circular? Isso incluiu também construir avenidas em cima desses rios. Está tudo conectado.

MAS E O OS RIOS QUE CONSEGUIMOS VER?

Na maioria quase hegemônica das cidades pode-se perceber uma característica gritante dos rios urbanos. Eles são bastante poluídos e possuem um acúmulo de lixo muito próximo das margens.

Rio Tietê, em São Paulo, Rio Sarno, na Itália, Rio Citarum, na Indonésia, Rio King, na Austrália. Todos eles têm algo em comum: estão entre os dez rios mais poluídos do mundo.

Você já deve imaginar que o crescimento desenfreado das cidades, sobre o qual já falamos, bem como a industrialização feita sem bases sustentáveis, teve todos os tipos de impactos negativos possíveis. Isso está diretamente ligado com a poluição dos rios desses centros urbanos.

A poluição de um rio pode se dar pelo lançamento de esgotos residenciais, por exemplo, ou aqueles industriais, que muitas vezes não são tratados e fazem com que produtos químicos diversos entrem em contato direto com a água. Dá para imaginar o quanto isso é ruim para a fauna dali, né?

Hoje em dia, há muitas cidades que buscam fazer a despoluição de seus rios, caso do Tâmisa, o rio da cidade de Londres que era considerado biologicamente morto e hoje é novamente navegável, trazendo vida nova ao centro da cidade.

De segunda a sexta, dois barcos percorrem o rio e retiram mais de 30 toneladas de lixo por dia. Já é possível encontrar peixes e animais invertebrados no rio que, no século XIX, era conhecido por ter um cheiro horrível.

Essas iniciativas partem do Estado ou também de capitais privados que têm interesse na recuperação de rios, seja por questões relacionadas ao turismo ou por defenderem bandeiras ambientalistas. Mas também temos que fazer a nossa parte.

COMO PODEMOS AJUDAR?

É claro que é responsabilidade do Estado garantir que a população usufrua dos serviços de coleta de lixo e saneamento básico, assegurando um ambiente limpo para que possamos viver em paz. Não podemos, no entanto, descartar as ações individuais de cada um que devem ser tomadas para um bem coletivo.

Nos rios são despejados objetos, lixo, insumos químicos, esgoto. A verdade é que não tratamos bem os nossos rios, muito menos o que consumimos e produzimos, mas vamos bater esse papo num próximo capítulo. A tendência de acharmos que a água é um recurso infinito é bem presente, mas assustadora se pensarmos que mais de 83 mil quilômetros de rio no Brasil estão poluídos de acordo com a Agência Nacional das Águas (ANA).

A forma como estabelecemos nossa relação com a água se assemelha àquelas amizades tóxicas em que apenas um lado quer se beneficiar e sempre prejudica o outro. Nesse caso, quem está sofrendo são os rios.

CRIMES AMBIENTAIS

Nos últimos tempos, a história do Brasil passou por dois grandes crimes ambientais que marcarão para sempre os nossos livros e a nossa memória: Mariana e Brumadinho. As duas cidades de Minas Gerais vivenciaram, em 2015 e 2019, respectivamente, o rompimento de suas barragens.

Caso você não saiba o que houve, fique tranquilo porque vou explicar. Mas antes de fazê-lo, é preciso que eu explique o que é uma barragem. Esse é mais um daqueles nomes um tanto quanto intuitivos da língua portuguesa. Barragem lembra barreira, certo? E é exatamente isso que ela é.

Basicamente, é ali que os rejeitos sólidos e a água utilizada nos processos de mineração, muito comuns nas regiões de Mariana e Brumadinho, são jogados. Esses rejeitos vão sendo constantemente depositados, formando-se uma espécie de camada.

Em janeiro de 2019, a barragem de Brumadinho se rompeu, causando aquele que é considerado o segundo maior desastre industrial do nosso século. Esse rompimento causou a morte de 270 pessoas, de acordo com os números oficiais.

Para você ter uma ideia, dois anos após a tragédia, ainda se realizava a identificação das vítimas. Uma delas foi identificada em agosto de 2021 e as buscas ainda não foram concluídas.

O que Mariana vivenciou foi, também, o rompimento dessa barreira que servia para segurar os rejeitos que somavam mais de 55 milhões de metros cúbicos de lama tóxica. Essa lama atingiu rios, cidades e fez com que pessoas perdessem seus lares e seus familiares. A lama se locomoveu até o Oceano Atlântico, fazendo com que espécies desaparecessem da região, e pequenos mamíferos ficassem completamente soterrados, além de danificar o abastecimento de água em diversas cidades. Mas se o acidente aconteceu em Mariana, o que o Oceano Atlântico tem a ver com isso?

TEM UM RIO NA MINHA COUVE

Precisamos pensar numa coisa: um curso d'água, um rio, não é algo isolado. Ele não nasce e termina no mesmo ponto, esgotando-se ali. Os rios se comunicam entre si, formando um conjunto de outros rios que, juntos, formam uma rede. Já ouviu a palavra afluente? Um afluente é um rio que deságua num rio maior. A grosso modo, ele termina nesse outro rio. O Rio Tocantins por exemplo, famosérrimo, é afluente do rio Amazonas, aquele mesmo da minha viagem.

Para facilitar esse entendimento, imagine agora a folha de uma couve. Se você nunca viu a folha de uma couve ou se esse é o tipo de folha que não entra na sua dieta, não tem problema. Olha ela aqui.

PRAZER, COUVE

Se observamos bem a folha da couve, podemos identificar a presença de um talo central e mais robusto, certo? Vamos chamar esse talo central de rio principal.

A partir dele, conseguimos observar algumas ramificações na folha. Algumas são maiores, outras são menores. Há algumas que se interligam numa unidade, mas se você fizer um esquema de labirinto e ir seguindo, chegará no talo principal.

Esse é, mais ou menos, o modo de funcionamento daquilo que chamamos de bacias hidrográficas. A parte próxima à raiz da nossa folha de couve é a foz, ou seja, onde o rio principal se une com outro corpo d'água: uma lagoa, um rio, o mar... e, assim, chegamos ao oceano. E a parte oposta, lá em cima da folha, é a nascente, onde tudo começou.

REDES HIDROGRÁFICAS BRASILEIRAS

Nosso país é abençoado com muitos rios, tantos que atraem a atenção de outros países que querem enfiar seus narizes e seus barquinhos onde não são chamados. Temos quatro redes hidrográficas principais, a bacia Amazônica, a bacia do rio São Francisco, a bacia Tocantins Araguaia e a bacia do Paraná. Esta última, com as bacias do Paraguai e do Uruguai formam a bacia do rio da Prata.

Parece pouco falando assim, mas estamos falando de muitos quilômetros de rios e seus afluentes. Há rios em partes mais altas e rios em partes mais baixas. Rios grandes e rios pequenos. Rios em cidades litorâneas e rios no interior. Tem rio até não poder mais.

E olha que curioso: lembra que falamos das Cataratas do Iguaçu? Elas se localizam na cidade de Foz do Iguaçu, que é, basicamente, onde o Rio Iguaçu desemboca no Rio Paraná. O que temos aqui? O Rio Iguaçu é AFLUENTE no rio Paraná.

A parte alta do Rio Paraná separa os estados de Mato Grosso do Sul, Minas Gerais e São Paulo. Ao sul, esse rio separa o Brasil do Paraguai e da Argentina, unindo-se ao Rio da Prata e desembocando no mar.

É por isso que a lama em Mariana foi parar no Oceano. Mesmo a barragem tendo rompido na região do Rio Doce, em Minas Gerais, o rio faz parte de uma rede hídrica que tem o Oceano Atlântico como fim. Numa bacia, os afluentes vão sempre se direcionar ao rio principal. É por isso que as bacias recebem os nomes dos rios.

OS RIOS E A GUERRA

Só para você perceber a importância dos rios, vou contar um pouco da história de uma guerra que ocorreu entre os anos de 1864 e 1870, a guerra do Paraguai. As nações da bacia do rio da Prata entraram em conflito por disputa de territórios, com o ato que marca o começo da guerra sendo o aprisionamento de uma embarcação do Brasil que navegava pelo rio Paraguai rumo a Cuiabá.

O que acontece é que, naquela época, as fronteiras territoriais ainda não estavam tão firmadas. Cada nação queria reivindicar mais espaço e, no caso do Paraguai, queriam uma saída para o mar, coisa que o Brasil, Argentina e Uruguai não aceitavam. No entanto, o governo brasileiro queria o direito de circular livremente nos rios da bacia do Rio da Prata, já que era a única forma de chegarem a Cuiabá quando ainda não havia estradas.

Não vamos nos aprofundar nessa história, mas acredito que você tenha conseguido perceber a importância desses rios para os países. Os caras entraram em guerra para saber quem poderia controlar mais os rios.

Mas posso dizer que, depois, Brasil e Paraguai se entenderam ao menos um pouco, e a prova disso é a usina líder mundial em produção de energia limpa e renovável: a Usina Hidrelétrica de Itaipu.

Quando eu disse que a nossa relação com os rios é tóxica, digna de um *exposed* no Twitter, eu não estava brincando. Exploramos tudo o que podemos deles, inclusive para a geração de energia elétrica ao aproveitar o potencial hidráulico do rio.

E essa usina de Itaipu, uma das mais expressivas do mundo, foi construída por meio de um acordo de cooperação entre Brasil e Paraguai, já que ela se encontra no território de ambos os países. Mas estamos aqui para falar dos rios, então acho que chegou a hora de voltarmos ao meu passeio de barco. Ou você achou que eu tinha esquecido?

DE VOLTA AO BARCO

Agora que você já tem algumas informações a mais, posso continuar contando do rolê que dei com os meus amigos. Depois de passar alguns dias em Belém, a capital do estado do Pará, e conhecer a cidade, fomos para a Ilha do Marajó, mais especificamente em Soure. Lá, muitas coisas legais foram acontecendo. A primeira delas é que, novamente, pegamos um transporte hidroviário para chegar, dessa vez uma lancha que, acredite, se fosse um brinquedo de parque de diversões, faria até mesmo o mais bravo dos visitantes querer se segurar com força. Chacoalhamos tanto que uma das minhas amigas passou mal. Em língua de memes: Juliana, cadê meu óculos?

Chegando lá, percebemos uma mudança abrupta no comportamento da água logo em um dos primeiros lugares que fomos visitar. De manhãzinha, tudo estava tão agitado que eu cheguei a pensar *"é... vou só molhar o pezinho mesmo"*, mas logo próximo ao meio-dia a água começou a baixar. E, juro para você, mais de cem metros de terreno que, de manhã, estavam cobertos de água tornaram-se areia onde era possível andar.

É claro que eu fui caminhar porque me parecia imperdível, mas a curiosidade veio de mãos dadas comigo e, como uma criança na fase dos "porquês", me enchi de perguntas. Como era possível que aquele ambiente estivesse cheio de água algumas horas antes? Onde essa água foi parar?

Isso aconteceu porque a praia onde fomos não é uma praia de água salgada. É praia de rio. De água doce. Ou seja, se cair no olho não arde!

O QUE ACONTECEU COM ESSA ÁGUA?

Houve uma das praias em que fomos, uma pequenina cujo nome não me lembro, em que a água era diferente. Cheguei a brincar com meus amigos que aquela praia parecia um enorme soro caseiro. Sabe aqueles soros em que misturamos sal e açúcar na água e tomamos quando estamos com virose? É exatamente disso que estou falando. A praia se localizava numa zona de transição do rio para o mar, chamada de estuário. Me lembro até de uma notícia que tinha a manchete: "Marajó tem praia com jeito de mar".

As marés exercem influência sobre o estuário, fazendo com que a água doce e a água salgada se misturem. O estuário entre o Pará e o Amapá, no Norte do nosso país, formado pelo lindo encontro entre os rios Tocantins e Amazonas que, juntos, desembocam no Oceano Atlântico, é rico em espécies de fauna e flora que sobrevivem nessa região devido à essa característica. Esse território ligado é ameaçado pela pesca predatória em larga escala. Parece que não podemos ter paz mesmo, né?

Mas voltemos à minha praia peculiar. A água não era doce como em Alter do Chão, mas também não era salgada como o que eu conhecia das praias do Rio de Janeiro. Era realmente um grande soro caseiro, uma coisa meio salobra. E o mais legal de tudo é que agora você também sabe o motivo de ela ser assim, pois lembra daquela informação de que o rio sempre vai desembocar num curso d'água de maior volume? Nesse caso, é o Oceano Atlântico.

ESSA VIAGEM RENDEU

A viagem que eu fiz com meus amigos me foi de grande valor para perceber muitas coisas. Já falamos bastante sobre a hegemonia do automóvel no capítulo sobre geografia urbana, e também expliquei um pouco sobre como a nossa mentalidade costuma funcionar quando pensamos em meios de transporte.

A não ser que você seja criado num local em que os rios são navegáveis e os barcos são utilizados como meio de transporte, provavelmente, eles sempre surgirão na sua cabeça como uma forma de locomoção ligada ao turismo. Parece engraçado pensar em um barco que funciona como um ônibus, até você visitar uma localidade em que isso acontece e perceber o quanto ele é importante para a sustentação da vida ali.

POR QUE NÃO USAMOS O TRANSPORTE HIDROVIÁRIO?

O que eu gostaria de pontuar novamente aqui neste capítulo diz respeito, exatamente, às alternativas de transporte e locomoção. Em Belém, além do aeroporto e da rodoviária, temos também o terminal hidroviário, onde transportes aquáticos saem todos os dias em direção a outras cidades.

Lembrei-me de uma informação que um professor meu me trouxe quando estava na faculdade. O rio da cidade onde eu estudei e me formei, Juiz de Fora, um dia foi navegável. Sabe que outro rio também foi navegável? O rio mais poluído do Brasil e top 10 do mundo, ele mesmo, o Rio Tietê, em São Paulo.

O nosso país usa apenas 31% dos rios navegáveis como meio de transporte. Enquanto isso, nossa economia continua a sofrer a cada vez que o preço da gasolina aumenta. Os rios ajudam a baratear o transporte quando comparados com caminhões. E por que, então, não os usamos com mais frequência?

Sobretudo porque o nosso planejamento de transporte não contempla a navegação por rios. Muitos desses rios contam com barragens e eclusas que impedem a passagem dos barcos. Seria necessário um grande investimento para que esses rios com potencial de navegação pudessem ser navegados, mas não há interesse político nisso.

A IMPORTÂNCIA DO RIO

De fato, rios exercem uma função social muito importante de alimentação, de sobrevivência. As comunidades ribeirinhas brasileiras dependem dos rios e estabelecem com eles uma relação muito diferente do que as pessoas nos grandes centros possuem.

É por meio do rio que se alimentam e contribuem financeiramente para suas casas, pela atividade da pesca. E, veja bem, existe uma grande diferença entre a pesca predatória e a pesca enquanto atividade. A pesca predatória é como aquele amigo sem noção que chega na mesa de aniversário e pega todos os docinhos, sem deixar nada para ninguém, e depois tenta obrigar você a comprá-los por preços absurdos.

Cidades antigas surgiram em torno de rios como o Nilo, no Egito, ou o Tibre, na Itália. As primeiras civilizações surgiram próximas aos rios. O que seria da civilização egípcia sem o Nilo? E o que seria da ciência, matemática e arquitetura sem essa civilização? Temos todos de agradecer ao rio!

O rio Eufrades, na região da Mesopotâmia, também pode ser citado aqui. E, eis um fato curioso: o próprio nome Mesopotâmia tem como significado "entre rios". Essa região hoje compreende os territórios do Iraque, Turquia e Síria.

Grandes cidades e civilizações surgiram nas margens de um rio, assim como técnicas de irrigação e plantio foram desenvolvidas para garantir a alimentação, a sobrevivência e a evolução dos povos.

E se você acha que esses exemplos são antigos demais, vamos novamente falar de São Paulo. Se parar para pensar, as antigas capitais e grandes centros comerciais do Brasil eram próximas ao mar: Rio de Janeiro e Salvador. Mas não São Paulo.

Ainda que o Estado tenha acesso ao mar, a cidade não tem. E você pode não saber, mas ela se desenvolveu à beira de um rio, o rio Tamanduateí. Perto dele foi construído o Pátio do Colégio, que servia como ponto de organização dos bandeirantes. Recife, ainda que seja litorânea, deve muito ao rio Capiraribe, hoje poluído e não mais navegável.

A mensagem que quero deixar para você é de que deveríamos tratar melhor nossos rios, aproveitando-nos deles para nossas atividades sem maltratá-los e poluí-los.

Vou fazer só mais um adendo, é importante.

MAS, AFINAL, QUAL CAMINHO A GENTE DEVE SEGUIR AGORA?

Eu acredito que temos uma alternativa. Nosso país tem um problema estrutural muito sério quando estamos falando de recursos naturais. Crimes ambientais, como aqueles que citei de Mariana e Brumadinho, ainda têm impacto na população, pois leva-se anos para se recuperar de tragédias como essas. Enquanto isso, os verdadeiros responsáveis seguem sem punição e sem serem responsabilizados pelo fato. O processo na justiça segue sem data para o julgamento.

Temos o costume de achar que o que é da natureza não é de ninguém, ao invés de desenvolvermos o sentimento de que é nosso! Existem alternativas para fazer com que as pessoas adquiram esse sentimento, e acredito que estratégias de conscientização em espaços de aprendizagem como a escola, a televisão, a internet e a rua sejam essenciais, além de, principalmente, fornecer a garantia estrutural do poder público.

As campanhas sozinhas não são grandes aliadas se não temos estruturas que permitam que elas sejam, de fato, aplicadas. De que adianta colocar uma placa avisando que não se pode jogar lixo na rua se faltam lixeiras? Qual a serventia de conscientizar as pessoas a não poluírem os rios se, em muitas cidades, ainda faltam sistemas de saneamento básico? Ou pior, enquanto grandes empresas continuam a poluir os rios diariamente sem serem taxadas e questionadas?

Pequenos atos fazem a diferença, sim, e isso é um fato. Mas os grandes atos de encargo do poder público também... e acredito que esse seja o nosso maior dilema.

8 TUDO VEM DA CHINA?

— Isso aí é *made in China*, não presta não.
— É *ching-ling*.
— Compra pirata lá na loja do chinês.

É provável que você já tenha falado alguma dessas frases e reproduzido esse estereótipo, estou errado? Acho que não...

Mas saiba que comprar algo *made in China*, ou seja, de origem chinesa, não significa necessariamente adquirir um produto falso, muito menos algo de qualidade inferior. A produção industrial chinesa atingiu os níveis globais de exportação e é possível encontrar, em quase todos os cantos do mundo, algo "*made in China*".

É importante termos em mente que, por vezes, associamos um produto à marca que o fabricou, o que é natural, mas, por isso, passamos a acreditar que todos os produtos daquela marca são fabricados no país de origem dela. Se isso já foi verdade um dia, hoje o cenário mudou. Já falamos dos carros de marcas estrangeiras que são fabricados no Brasil, por exemplo.

Para sabermos exatamente como esses produtos feitos na China vêm parar nas nossas mãos, vamos nos aprofundar um pouco mais na economia e na história desse país, ok?

DE ONDE VEIO ISSO AÍ?

Enquanto pensava em como compor esse capítulo, me lembrei de uma das atividades mais simples e relevantes que já fiz com meus alunos, quando comecei a explicar sobre um termo que em breve falaremos: a globalização.

Enquanto explicava que grande parte dos produtos que consumimos vem de diferentes lugares de mundo ou de empresas internacionais que se instalaram no Brasil, pedi que analisassem os aparelhos que mais utilizavam, buscando saber onde esses produtos haviam sido fabricados.

Você pode fazer esse mesmo exercício aí na sua casa. Verifique o seu celular, o liquidificador, a televisão, as suas canetas. Procure pelo famoso *"made in"*. Olhe também as suas roupas, nas etiquetas, e terá grandes surpresas.

No caso dos meus alunos, eles viram que, ainda que muitas coisas fossem feitas no Brasil, eram de empresas originalmente estrangeiras. Uma de minhas alunas fazia uso de uma série de medicamentos, por conta de um problema de saúde, e me falou:

— Professor, acho que fiz a atividade errado porque eu não olhei nos produtos, olhei nos meus remédios.

Na hora eu pensei: "melhor ainda", pois poderíamos analisar a procedência dos medicamentos e seus países de origem. Nas informações da embalagem, ela encontrou que cada princípio do medicamento era produzido num lugar diferente do mundo. Sim, *do mundo*.

Alemanha, Chile, Estados Unidos, China e Brasil.

É louco pensar que cinco países diferentes estão envolvidos na produção de um único medicamento, né? Isso acontece muitas vezes quando cada país tem uma especialidade diferente. Cada etapa da produção passa por um rigoroso controle para garantir que o medicamento terá o resultado desejado.

E isso não é uma exclusividade dos medicamentos. Como meus alunos puderam perceber, e você também poderá se analisar algumas etiquetas, há muitos produtos que são originários de um determinado país, mas produzidos em outro, ou em muitos outros.

DE VOLTA ÀS ORIGENS

Grandes empresas de tecnologia como a Samsung e a LG, por exemplo, possuem produção brasileira e até fazem parte do nosso dia a dia, nos nossos celulares, televisores ou computadores, mas são originalmente sul-coreanas.

O Japão, a Coréia do Sul e a China possuem uma das maiores produções de baterias e componentes eletrônicos do mundo. Isso significa que, mesmo que você não tenha um produto eletrônico que seja originalmente desses países, a bateria deles pode ser. Provavelmente em algum eletrodoméstico da sua casa há uma peça de algum desses três países.

Muitos dizem que a China se tornou a indústria do mundo, e que "tudo vem da China", e quer saber? Em partes, essa frase até que faz sentido. Pois, muita, mas *muuuuita* coisa mesmo vem da China. Com mais de um bilhão de habitantes, esse é, junto com a Índia, um dos países mais populosos do planeta.

A China se consolidou como o principal produtor industrial do mundo, mas, ainda assim, possui alguns problemas relacionados ao subdesenvolvimento. É por isso que ela busca fazer acordos econômicos com outros países, como parte de blocos. E não, não estamos falando de blocos de carnaval, mas de blocos comerciais.

MAS O QUE SÃO BLOCOS COMERCIAIS?

Blocos comerciais ou blocos econômicos são países que se juntam em grupinhos com um mesmo interesse, criando acordos que reduzem ou eliminam as barreiras comerciais entre eles.

Para que você possa entender melhor, vamos exemplificar: digamos que você tenha três amigos, o Oscar, o Rafael e o Luís. Oscar manja tudo de computadores, mas é péssimo cozinheiro. Rafael dirige como ninguém, mas não sabe nada de computadores. Luís poderia estar no Masterchef, mas passa mal só de pensar em estar atrás do volante.

Eles poderiam tentar superar suas adversidades sozinhos, mas percebem que unir forças é a melhor solução. Assim, Oscar pode ajudar

Rafael e Luís com seus problemas de computador. Rafael pode dirigir para Oscar e Luís e este último pode cozinhar para os amigos.

Assim, entre eles, podem estabelecer preços mais baratos ou até mesmo isenção de pagamento para os serviços e todos saem ganhando.

Em termos escolares, o bloco comercial é uma grande panelinha.

Em termos geopolíticos, um bloco comercial ou bloco econômico é a união de países para fomentar o crescimento social e econômico uns dos outros por meio de uma série de vantagens e obrigações criadas para aqueles que do bloco participam. Quer saber alguns dos blocos mais importantes do mundo? Vem comigo!

OS MAIS IMPORTANTES BLOCOS DE CARNAVAL... OPS! COMERCIAIS QUE EXISTEM

Como estamos falando da China, vamos começar pelo BRICS, bloco do qual o Brasil também faz parte. Ele não é exatamente classificado como um bloco econômico, mas sim uma aliança. Os participantes são: Brasil, Rússia, Índia, China e África do Sul, que entrou por último. O nome da aliança, inclusive, vem da inicial de cada um desses países (em inglês).

Esses cinco países têm em comum o fato de serem considerados emergentes: ou seja, em ascensão econômica. São também países bastante populosos e esse mecanismo de colaboração política facilitado pela aliança representou uma vantagem para uma ascensão econômica mais rápida.

Entretanto, a intensa instabilidade gerada pelos cenários políticos do Brasil fez com que o país ficasse um pouco de lado, o que é um problema já que o grupo auxilia na ampliação dos mercados de exportação do nosso país, o que é responsável por boa parte da economia do Brasil.

E já que estamos falando de Brasil, quero mencionar o outro grupo do qual fazemos parte: o Mercosul, ou Mercado Comum do Sul. Nessa panelinha, estamos com a Argentina, o Paraguai e o Uruguai, membros desde o início, e a Venezuela, que foi admitida em 2005 e suspensa em 2016. Entre nós e esses países, há uma zona de livre comércio, com impostos únicos para os produtos que entram nos países-membros.

O último exemplo de bloco econômico que quero passar é a famosa União Europeia. Essa danada é bem grande, com 24 línguas oficiais, uma moeda única – o euro –, e uma zona de livre comércio e livre circulação entre os 28 países membros. O Reino Unido fazia parte desse bloco, mas em janeiro de 2020, quando ocorreu o Brexit, por votação popular, seus países (Escócia, Inglaterra, Irlanda do Norte e País de Gales) se retiraram.

Acho que ficou claro como esses blocos econômicos facilitam também o nosso acesso a muito mais produtos de outros lugares do mundo. Esse livro foi escrito em um computador montado na China. E os post-its que comprei na loja de um real também vieram de lá.

MAS, AFINAL, TUDO VEM DA CHINA?

É muito estranho pensar que algo que custa menos de dois reais aqui no Brasil foi produzido do outro lado do mundo, né? Mas a gente já fez esse exercício e você viu a quantidade enorme de coisas que vêm desse país.

Eu também achava estranho pensar nisso, confesso. E, para ser sincero, ainda acho um tanto quanto inusitado consumir algo que atravessou diversas fronteiras até chegar na minha casa. A minha calopsita tem origem em outro lugar do mundo, mas nasceu e cresceu aqui, em solo brasileiro. Esse post-it, não. Ele foi mesmo fabricado na China e viajou até aqui.

Mas tudo tem uma explicação, e a primeira delas é sem dúvida o CUSTO. Obviamente, o motivo pelo qual compramos e consumimos coisas assim no Brasil é porque o valor, como todo mundo sempre diz, compensa para o empresariado. Se não fosse vantajoso (e lucrativo) para as empresas, provavelmente não teríamos esse tipo de produto a esse valor disponível para compra todos os dias. E podemos entender isso a partir de um processo que a China se dedica a desenvolver.

TIGRES ASIÁTICOS

Para entender melhor esse processo, como sempre, teremos que voltar na história. Mas não será necessário voltar muito, pois, se pararmos para pensar, esse *boom* que a China teve na produção mundial e nesse processo de industrialização é bem recente. E para começar, vamos analisar o contexto histórico.

— Mas, como assim?

Calma, não vamos nos desesperar. Sabe aquela história de que a gente tem que analisar sempre o que nos cerca para compreender determinado fenômeno? Até a década de 1970, a China viveu sob o governo de Mao Tse-Tung, general que ficou no poder durante 30 anos, até a sua morte. Quando Deng Xiaoping assumiu o poder do Estado Chinês no ano de 1976, iniciou-se um processo de "recuperação do tempo perdido" no que se refere ao crescimento industrial e tecnológico do país.

Nos anos 70 havia um grupo chamado de Tigres Asiáticos, que compreendia as economias da Coréia do Sul, Hong Kong, Singapura e Taiwan. Esses países passaram por uma veloz industrialização, mantendo taxas de crescimento excepcionalmente altas por vários anos. Isso fez com que eles ganhassem certa notoriedade. Enquanto isso, o Japão começara a se constituir enquanto uma das principais potências econômicas e de produção industrial, com a ajuda dos Estados Unidos. Mas calma.

HONG KONG? ISSO NÃO FICA NA CHINA?

Hong Kong foi, durante um século e meio, colônia britânica. Os ingleses a devolveram para a China apenas no ano de 1997, ou seja, pouquíssimo tempo atrás. Para você ter ideia, o clássico da banda Backstreet Boys, *Quit playing games with my heart,* foi lançado no mesmo ano. Eu sei que, dependendo da sua idade, você talvez ache que isso aconteceu há muito tempo, mas eu juro que foi ontem.

O resumo da ópera é que Hong Kong tornou-se uma região administrativa da China, ou seja, uma região semiautônoma. Ela possui dois idiomas oficiais, o chinês e o inglês, e seu próprio sistema econômico, inclusive a moeda – o dólar de Hong Kong – e social, em que os habitantes possuem um passaporte específico da região, mas Pequim, a capital chinesa, pode interferir no sistema político, vetando quais mudanças podem ser feitas, por exemplo.

Algumas diferenças entre Hong Kong e China, por exemplo, são o acesso às redes sociais da Meta, como Facebook e WhatsApp. Em Hong Kong são permitidas, ao contrário da China, em que os órgãos de censura proibiram o uso desde que ativistas chineses começaram a usar as plataformas da Meta para se comunicar quando o país ainda era uma economia fechada.

Bom, já entendemos um pouco da diferença entre China e Hong Kong, então vamos voltar a falar da relação entre os Tigres Asiáticos e a abertura da economia chinesa.

QUANDO A CHINA SE ABRIU

Como eu disse, os Tigres Asiáticos estavam arrasando e, então, a China logo pensou *"OPAAAA, tô ficando de fora!"*.

O país passou por uma onda liberalizante no final dos anos 70, quando sua economia, até então fechada, passou a se abrir gradativamente. A economia do país, que era majoritariamente agrária, tornou-se industrial, conforme ocorria a abertura da economia local para a iniciativa privada.

A fim de proteger o sistema comunista chinês, os governantes anteriores haviam fechado o país, fazendo com que todas as terras passassem a pertencer ao Estado e determinando o que seria plantado. As políticas econômicas de abertura de Deng Xiaoping fizeram com que o nome do país começasse a circular pelo globo, deixando de ser associado à pobreza, fome e um fechamento econômico. Com o crescimento do mercado interno e surgimento da acumulação de riqueza no interior do país, permitindo a criação de empresas de capital privado, a China praticamente virou outro país.

E o principal mecanismo de abertura econômica da China se deu pelas ZEES – Zonas Econômicas Especiais –, criadas pelo governo de Deng Xiaoping, que oferecem vantagens para as atividades industriais chinesas e assim atraem o investimento estrangeiro. Dessa forma, era possível aumentar a produção industrial da China e alavancar o volume de exportações. Em conjunto com a entrada do capital internacional, a iniciativa foi de suma importância para a economia chinesa.

Eu sei, isso está parecendo algum livro de economia daqueles que a gente lê e fica mais confuso ainda. No entanto, é importante entender como a China se abrir para o mundo fez com que ela se tornasse essa potência econômica. Pensa comigo rapidinho: antes, basicamente tudo o que era produzido na China era para consumo interno e, ainda assim, faltava muita coisa. O dinheiro de outros países não entrava lá. De repente, a abertura do país fez com que ele pudesse potencializar a industrialização e produzir muito mais, para si mesmo e para outros países. É muito interessante entender isso, não?

O DESENVOLVIMENTO CHINÊS

Agora, pensa comigo: as ZEEs se compreendiam enquanto grandes bolsões capitalistas em meio ao território chinês, basicamente nas cidades que se localizavam próximas aos portos. Xangai, Pequim e Nanquim são algumas delas.

Bom, o que temos aqui? Regiões dentro do território chinês que se desenvolveram rapidamente e, consequentemente, começaram a concentrar a produção do país, fazendo com que a população chinesa se deslocasse para essas regiões. As ZEEs se constituíram como o coração industrial da China e, atualmente, a concentração populacional é basicamente TODA (e eu estou falando de *bilhões* de pessoas) na região litorânea, exatamente onde estão as ZEEs. De fato, Xiaoping não deu ponto sem nó e sua política funcionou muito bem para o país. Mas, como eu disse anteriormente, a China era formada sobretudo por uma população agrícola.

E pode até não parecer verdade, mas até hoje, grande parte do território chinês ainda é rural. Cerca de 767 milhões de pessoas vivem em regiões rurais, contra 562 milhões de pessoas na população urbana. Se pensarmos no que já aprendemos sobre conurbação e a mudança das pessoas de áreas rurais para urbanas, era de se esperar que grande parte vivesse nas cidades, certo? É muito curioso que seja o contrário. Claro que, em um país com tanta gente, a distribuição populacional é, basicamente, de muitas pessoas em todos os lugares.

PRIVATIZAÇÃO

Junto à abertura das ZEEs, Xiaoping abriu a China para o capital estrangeiro e para as privatizações, ou seja, empresas que eram do poder público começaram a ser administradas, totalmente ou parcialmente, pelo setor privado, o que atraiu muitas empresas estrangeiras.

Mas atenção, temos que tomar muito cuidado com esse assunto. Não estou aqui dizendo que a privatização é a principal saída para o crescimento econômico de um país. Vivemos num modelo econômico que se baseia no lucro e no capital e, nesse contexto global, é preciso que você entenda que a medida tomada pela China foi essa a fim de poder se integrar com o resto do planeta. É tipo quando a gente – e eu sei que você já fez isso – finge que gosta de uma coisa que todo mundo da rodinha gosta só para não ficar de fora. A privatização gerou maior competição entre as empresas, fazendo com que elas buscassem cada vez mais investimentos a fim de dominarem determinado setor.

Tudo isso atraiu investimentos para a China, promovendo a chegada de empresas multinacionais, de capital estrangeiro e, sobretudo, da ciência. Sim, meu amor, nada avança se a gente não estudar para isso. Os produtos se modernizam, novas necessidades vão surgindo e sendo criadas, ou você acha que a melhoria que acontece da câmera do celular de uma linha para a outra é mágica?

É MUITA GENTE!

E aqui um ponto muito mais que importante: estamos falando do país que tem A MAIOR POPULAÇÃO DO MUNDO! Só para você ter uma ideia, a China tem *seis* vezes mais a população do Brasil. Poderíamos encher o Maracanã quase 18 mil vezes com a população da China sem repetir uma única pessoa.

E sabe por que a China consegue produzir tantos produtos?
Vamos por partes.
O que faz o custo de um produto crescer? Os três pilares são, basicamente, a matéria-prima, a mão de obra e a energia. No caso da China, a mão de obra é moleza porque não faltam pessoas e o custo de vida para o país é baixo. A energia chinesa vem, em grande parte, do carvão mineral que o país tem em grande abundância. A matéria-prima, em sua base, é ferro e minério, coisa que a China tem de sobra, liderando em disparado o ranking dos lugares em que é possível encontrar tais itens.

Junte tudo isso num caldeirão, como o Professor fez para criar as Meninas Superpoderosas, e ficará fácil de entender como a produção em larga escala ocorre no país e permite que um produto fabricado lá possa custar R$1,99 no calçadão da sua cidade, quando nem mesmo o pãozinho com manteiga na padaria custa esse preço mais.

Eu digo isso, mas, ao mesmo tempo, paro para pensar: as lojinhas de "Tudo por R$1,00" já nem existem mais, né? Saudades. Será que viraram lojas de "Tudo por R$10,00"? Enfim, China e potência econômica poderiam ser sinônimos.

NEM TUDO SÃO FLORES

Mas é claro que nem tudo é um musical da Disney com todo mundo dançando sincronizado e cantando afinadamente. Políticas que são implementadas pelo governo visam (ou deveriam visar) a melhoria do país, certo? Mas elas também tem consequências. No caso da China, como você deve imaginar, estão relacionadas com o fato de o país ser muito populoso. Sim, estou falando da política do filho único.

Pode ser que você já tenha ouvido falar sobre essa política, porque passava sempre na televisão, havia notícias na internet e, com certeza, se houvesse WhatsApp na época, teríamos manchetes sensacionalistas compartilhadas com escritos gigantes: "É UM ABSURDO ISSO ACONTECER!!!".

E, para ser sincero, ainda não consegui formar uma opinião firme sobre isso. Eu tento compreender, tenho dúvidas, concordo, discordo e acabo não chegando em consenso nenhum. Mas, para quem não sabe o que foi essa política e como ela funcionou, vou trazer um pouco de contexto.

Pode ser que, se você tiver irmãos, já tenha desejado ser filho único. Mas por muito tempo, na China, essa era a única opção: não ter irmãos. No fim da década de 1970, o governo chinês lançou o que ficou conhecido popularmente como a Política do Filho Único.

Nesse contexto, a China, país onde habita a maior população do mundo, com a justificativa de viabilizar os serviços de educação e saúde para toda a população, e com o intuito de diminuir o crescimento populacional, implementou a política que consistia na proibição de casais terem mais de um filho. Caso viessem a ter o segundo, multas seriam aplicadas à família. Parece coisa de outro mundo, ou retirada de algum roteiro desses filmes de ficção científica, mas foi a realidade da China durante um bom tempo. A política tinha exceções e não se aplicava, por exemplo, às famílias de zonas rurais em que a primeira filha fosse menina, ou às famílias em que um dos pais exercesse profissão de alta periculosidade... Mas mesmo assim, né? É difícil de acreditar.

De qualquer modo, é fácil imaginar porque as repercussões dessa política eram as mais negativas. Ela gerou impactos extremamente negativos para a China. Devido às multas supercaras impostas e grandes penalidades como a chance de perder o emprego ou até esterilização compulsória – muitas mulheres eram submetidas a abortos forçados e de risco.

Levando em consideração que grande parte da população era e continua a ser rural, as famílias desejavam que seu único filho nascido fosse homem para poder trabalhar nas terras. As taxas de abandono de crianças, sobretudo meninas, nos orfanatos do país, bem como os casos de infanticídio feminino aumentaram durante o período em que a política esteve em vigência.

É importante lembrarmos, além de tudo, que estamos falando de uma época no mundo e de um país em que as questões de igualdade entre os gêneros, a saúde e segurança das mulheres, infelizmente, não eram nem consideradas.

O NOVO CENÁRIO DA POPULAÇÃO CHINESA

Essas questões alteraram a balança populacional da China e fizeram com que o país fosse, em sua maioria, masculino, tendo diferenças de *milhões* de habitantes entre os homens e mulheres chineses. Aproximadamente, mais de 400 milhões de nascimentos foram evitados com a implementação da política no país. Entretanto, no ano de 2015, após avaliações feitas pelo Estado chinês, a política foi erradicada e as famílias foram "liberadas" para ter o segundo filho.

As causas que motivaram a erradicação da política estão longe de serem tão humanas quanto desejaríamos que fossem. Não são um ato de bondade, viu? Como sempre, tem fins econômicos: foi pautada pelo interesse e crescimento econômico que ronda a China.

Porque, como é de se imaginar, essas pessoas começaram a ficar mais velhas, e seus pais também, e um número menor de crianças nascia. O resultado foi o envelhecimento precoce da população chinesa, o que causou a diminuição da mão de obra.

Obviamente, essa não é uma mudança que acontece do dia para a noite. Seus impactos ainda são sentidos muito tempo após a lei ser estabelecida. É importante lembrar que essa política era generalizada, funcionando independente da classe social.

A diferença era que as famílias ricas tinham a opção de pagar a multa referente ao segundo filho e comprovar para o Estado chinês que não necessitavam do suporte do governo para garantir a criação dos filhos. E, nesse caso, tinham o primeiro, o segundo, o terceiro... quantos filhos desejassem.

Ufa, o assunto ficou um tanto quanto pesado, né? Mas é essencial entendermos o funcionamento da política chinesa para conseguirmos analisar porque o país conseguiu, em tão pouco tempo, se tornar essa potência econômica capaz de competir com países, que já eram ricos há muito tempo, e ditar o funcionamento do mercado econômico mundial.

Além disso, esse papo todo irá nos ajudar a derrubar alguns dos preconceitos que temos contra produtos que são produzidos na China e vendidos ao redor do mundo. Você sabe, eu abri este capítulo mencionando os principais. São frases que repetimos de vez em quando e que podem, por vezes, reproduzir um preconceito e demonstrar que conhecemos bem pouco esse país.

SER "MADE IN CHINA" NÃO É RUIM

Mas por qual motivo a China deu tão certo? Aqui a gente precisa saber que uma coisa sempre vai depender da outra, não tem jeito. O aumento da produção chinesa e toda essa explosão econômica do país no cenário mundial deu certo por conta de um fator que ainda não comentamos aqui: a China precisou escoar a sua produção.

Pensa comigo: Imagina que você faz bolo para vender no seu bairro. Aproximadamente 200 pessoas moram perto de você, mas você fez 300 bolos. Ainda que cada vizinho compre *um* bolinho seu, ainda vão sobrar 100 pra você vender, certo? De certo vão ter pessoas que vão querer mais de um porque, sejamos sinceros, você arrasa na cozinha. Mas, para esse exemplo, *vamos imaginar* que você vendeu um bolo por pessoa, ok? Esses 100 bolos que sobraram precisam ser vendidos – ou vão estragar e você terá jogado trabalho e dinheiro no lixo – em outro lugar, nos bairros vizinhos ou até mesmo em lugares mais distantes.

Pode parecer um exemplo bobo, mas é muito eficiente para entendermos o que rolou com a China e a sua produção. Tudo isso só deu certo, pois o país conseguiu escoar a sua produção excedente. Não é à toa que as ZEEs estão localizadas próximas ao litoral: é lá que ficam os portos.

A China produz muito mais do que o seu mercado interno consegue suportar e isso só deu certo pelo desenvolvimento tecnológico e dos meios de transporte que conseguem mandar para *loooooooooonge* (como o Brasil!) o que é produzido no país. E esses talvez sejam os principais pontos que determinam a internacionalização de um país dentro desses processos de importar (entrada) e exportar (saída) os produtos.

Por exemplo, o Brasil é um dos principais exportadores de carne no mundo e isso só é possível pelos imensos navios frigoríficos que circulam por aí. Mas isso não é de agora não. Durante a Revolução Industrial inglesa, que ocorreu entre 1760 e 1840, os ingleses escoaram nas colônias a produção que seu mercado interno não conseguia suportar. Por muito tempo, chegavam no Brasil produtos que praticamente não seriam utilizados pelos brasileiros, como roupas de frio bem pesadas, mas que eram vendidas aqui mesmo assim.

Mas porque a gente acha que só pelo fato de vir da China é ruim? É de má qualidade? A primeira parte do *boom* chinês (como tomei liberdade de chamar aqui com vocês) se deu com produtos de má qualidade. Aqui no Brasil a gente tem esse estigma... se é japonês é bom, se é chinês é ruim. Isso acontece porque após escoar a produção para os países mais desenvolvidos, o que chegava na América Latina eram os produtos restantes, de má qualidade.

Era como se, na sua pequena fábrica de bolos, você produzisse bolos de extrema qualidade, mas queimasse alguns. Para não perder dinheiro, você vende os dois. Alguns clientes conseguem comprar os melhores, enquanto para outros acaba sobrando o queimado. Se você perguntar para eles o que acham do seu produto, eles dirão que você não sabe cozinhar, porque afinal, é essa referência que têm de você, certo?

Enquanto aqui utilizávamos produtos de baixa duração e qualidade, grande parte dos países europeus já desfrutavam da tecnologia de ponta vinda da China. Nos últimos anos, por causa do aumento de fatores como o poder de compra dos brasileiros e latino-americanos, aparelhos, produtos e serviços, como carros, televisores, smartphones, computadores, começaram a aparecer no cenário de disputa de produtos no Brasil.

Isso demonstra algumas facetas do processo de...? Acertou quem disse GLOBALIZAÇÃO. Parece até difícil de acreditar que chegamos até este capítulo sem falar com mais detalhes dessa danada, mas é chegado o momento!

VAMOS, ENFIM, FALAR SOBRE GLOBALIZAÇÃO

Nada poderia ser mais aula de geografia do que isso. Já consigo imaginar o professor chegando na frente da sala e perguntando:

— Vocês sabem o que é globalização?

Mas é praticamente impossível falarmos da economia dos países do mundo sem tocarmos nesse assunto.

Inclusive, muitos dos tópicos que foram discutidos até agora estão relacionados com a globalização e com a ida e vinda de pessoas, informações e produtos. Minha calopsita, Piticas, só veio parar aqui porque alguém trouxe a espécie para o Brasil algum dia. (Temos que mencioná-la sempre porque ela é a estrela deste livro, ok? É ela quem está na capa, não é mesmo? Ainda bem que eu não tenho que pagar pelos direitos de imagem.)

A globalização pode ser entendida enquanto um fenômeno capaz de integrar diferentes lugares do mundo por meio de fluxos.

— Mas calma, João, que fluxos são esses? — você me pergunta.

Podemos dividir esses fluxos em três: os econômicos, que envolvem transações financeiras, de mercadorias, e aplicações em bolsas de valores; os de pessoas, que seriam movimentos populacionais por motivos econômicos, ambientais, ou conflitos; e os informacionais, que acabam sempre interferindo nos sistemas econômicos e envolvem pessoas e os acontecimentos ao redor do mundo.

Os meios de comunicação e os de transporte são os principais facilitadores do processo de globalização, já que acabam por possibilitar interligações e conexões em diferentes lugares do mundo. Sempre dizemos, por exemplo, que a globalização promoveu o que chamamos de encurtamento das distâncias. E, quando digo isso, não é no sentido literal. Não é que o bracinho da globalização saiu agindo para tornar as distâncias fisicamente menores. Angola fica a 7.546 km do Brasil, e isso é um fato hoje, assim como era cinquenta anos trás. No entanto, naquela época era muito mais difícil que pessoas, informações e mercadorias fossem do Brasil para Angola e vice-versa. Hoje, apesar da distância fisicamente continuar a mesma, o tempo para percorrê-la diminuiu, causando a sensação de maior proximidade, como se Angola estivesse mais perto. E, assim como os aviões e navios, os carros, caminhões, ônibus e demais meios de transporte ficaram mais velozes, os trajetos também ficaram mais otimizados.

Voltando novamente para os nossos exemplos musicais: era muito mais complicado que músicas, álbuns inteiros e turnês mundiais chegassem no Brasil antes. Os aviões não eram tão desenvolvidos em tecnologia e a própria pesquisa de público demorava mais tempo para acontecer. As músicas chegavam de avião e navio até aqui, num compartimento físico também conhecido como fita, ou disquete, ou disco, ou CD, pode escolher um. Hoje em dia, a troca de informações é instantânea. A Beyoncé lança um álbum nos EUA e o mundo todo recebe no mesmo instante.

Lembre-se, por exemplo, do ano de 2020, em que ocorreram as eleições presidenciais nos Estados Unidos da América. O mundo inteiro estava acompanhando em jornais online, no Twitter ou Facebook, atualizando constantemente seus navegadores em busca de informações sobre quem seria o novo presidente. Enquanto a eleição *ainda acontecia*. No tempo dos nossos avós, o acompanhamento não era simultâneo. Eles tinham que esperar o jornal, ou os programas de TV para descobrir quem se tornaria presidente.

Reuniões, conferências e as aplicações financeiras feitas no online fizeram a globalização ressignificar as distâncias geográficas, que continuam as mesmas, mas são cada vez menos vistas como um problema.

Durante o período de isolamento social, motivado pela pandemia da Covid-19 em 2020, as plataformas de videoconferência cresceram absurdamente em relação a sua utilização nos anos anteriores. A existência da pandemia fez com que os investimentos nessas plataformas fossem maiores do que nunca, elevando sua qualidade e permitindo que empresas mantivessem seu fluxo de reuniões, por exemplo.

São muitos os marcos históricos que levaram ao avanço da globalização. A invenção do telefone. Da televisão. Do avião (alô, Santos Dumont). E, é claro, a consolidação da internet.

Já parou para pensar como seria a sua vida hoje em dia sem a internet? É difícil imaginar, não é mesmo? A internet revolucionou as nossas vidas de uma forma que é praticamente impossível vivermos sem ela. Provavelmente seus pais faziam pesquisas de trabalhos da escola em enciclopédias, mas posso apostar que você usa algum mecanismo de busca para encontrar os textos e referências que precisa.

A internet faz parte dos nossos trabalhos, estudos e lazer. Estamos ligados a ela quase que ininterruptamente. E, é claro, a relação entre ela e a globalização é muito grande.

E A INTERNET O QUE FEZ?

— Mas qual é, de fato, a relação existente entre a internet e a globalização? — você deve estar se perguntando.

A internet é o primeiro meio de comunicação que permite a interligação em diferentes lugares do globo de uma única vez, simultaneamente. E esse processo se constitui enquanto um dos principais facilitadores da globalização.

Entretanto, ainda não podemos considerá-la uma ferramenta democrática. Há países que vivem uma verdadeira exclusão digital, ou seja, com acesso desigual e desproporcional a computadores, aparelhos celulares e outros mecanismos ligados à internet, bem como à recursos educacionais necessários para a utilização da ferramenta.

Há países em que a taxa de utilizadores é baixa, caso da Somália, por exemplo, em que apenas 1,5% da população tem acesso à internet, devido aos baixos índices de desenvolvimento do país.

O Comitê Gestor da Internet no Brasil, criado em maio de 1995 pelo Ministério das Comunicações e pelo Ministério da Ciência e Tecnologia, realizou uma pesquisa que mostra que 82,7% dos lares brasileiros têm acesso à internet. Entretanto, somente 32% das escolas públicas do ensino fundamental têm a possibilidade de acesso à internet para os alunos. Até o final do ano de 2019, o Brasil tinha 39,8 milhões de pessoas sem acesso à internet. É importante pontuar que mesmo em um país com altos índices de acesso, a desigualdade pode ocorrer de outras formas, como na diferença do poder de compra da população. Esse é outro fator que pode ser verificado no Brasil: 90% da população mais pobre têm acesso à internet somente por meio do celular, e nem sempre esse celular é equipado o suficiente para garantir pesquisas e estudo por meio dele, por exemplo.

Por falar em poder de compra, precisamos voltar a falar do diferencial da China em relação aos outros países em desenvolvimento. Quais outros fatores podemos destacar para entender porque há tantos produtos chineses sendo vendidos ao redor do mundo?

VAMOS CONVERSAR SOBRE EMPRESAS?

Na atualidade, mais da metade do comércio internacional é feito pelo mar. (Olha aí as ZEEs se localizando nos portos fazendo mais sentido ainda). Ao chegarem ao destino final, essas mercadorias passam a ser transportadas por meio das rodovias, ferrovias e hidrovias, e esse fluxo acaba por ser muito desigual em relação ao grau de desenvolvimento dos países, com exceção dela: A CHINA, que se destaca entre os países em desenvolvimento.

Muitos países desenvolvidos optam por desconcentrar a sua produção industrial no país de origem, destinando-a a países menos desenvolvidos. Os motivos são inúmeros, mas o principal deles, como é de se esperar, é o custo. A lógica é a seguinte: quanto mais barato for o *custo* do produto produzido, incluindo aluguel de estabelecimentos e salários dos trabalhadores, maior será o *lucro* da empresa.

Então, ao invés de concentrar a produção em seus países de origem, essas empresas procuram espalhar-se em lugares em que a mão de obra qualificada seja mais barata, geralmente em países em desenvolvimento.

Sendo assim, algumas empresas transnacionais – aquelas que possuem alto grau de organização e atuam dentro e fora de seu país de origem – se instalam em outro lugar, concentrando em sua terra natal apenas os escritórios, sedes e transações principais do que a empresa faz e, nos demais países, montam suas fábricas e linhas de produção.

Há, ainda, aquelas que terceirizam parte de seus serviços. A Meta, por exemplo, que antes se chamava Facebook, terceiriza parte de seus serviços para outras empresas como Accenture e Cognizant.

As transnacionais, em sua maioria, são de países desenvolvidos, como as estadunidenses Coca-Cola e McDonalds, a finlandesa Nokia e a sul-coreana Samsung. Mas aqui podemos pontuar algumas transnacionais brasileiras e de outros países emergentes como a Vale e a Petrobrás, e os bancos Bradesco e Itaú.

Vamos fazer mais um exercício: vá na sua cozinha agora e pegue um produto enlatado qualquer. Verifique quem é o fabricante. Grandes chances de que ele seja um desses dez que irei citar agora:

1. Nestlé;
2. P&G;
3. Coca-Cola;
4. KRAFT;
5. J&J;
6. Unilever;
7. MARS;
8. Kelloggs;
9. PEPSICO;
10. Mondeléz.

Não adianta olhar somente o nome do produto. Se você pegar uma Fanta laranja, por exemplo, estará com um produto da Coca-Cola em mãos, já que ela é a fabricante. E se pegar uma Fanta uva, então é melhor deixar de lado porque ô refrigerante ruim (desculpa aí, amantes de Fanta uva).

As empresas citadas controlam o ramo alimentício no mundo. Ou seja, a chance de você consumir algum produto delas diariamente é bem grande.

A forte concorrência é uma importante característica do processo de globalização e leva as empresas a procurarem novas estratégias de produção, como a união de empresas. De exemplo, temos Sadia e Perdigão, que se uniram para fazer a BRF; Time e Warner; Brastemp e Consul; Americanas, Shoptime e Submarino; Casas Bahia e Ponto Frio, e por aí vai.

Outra estratégia é a de criação de uma empresa para administrar diversas outras. A exemplo, temos a J&F Investimentos, que controla o PicPay e o Banco Original. Além de acordos que podem existir entre a empresa A e B para evitar a livre concorrência e sempre ter o mesmo preço de mercado.

Mas já falamos bastante sobre dinheiro, mercadorias e empresas. Está na hora de falarmos um pouco mais sobre as pessoas.

AGORA, VAMOS FOCAR NAS PESSOAS

Além de todas essas estratégias, os fluxos populacionais também acabam por decorrer dos avanços tecnológicos e dos meios de comunicação e transporte. Já falamos bastante sobre migração quando discutimos o êxodo rural, mas aqui o panorama é maior. Quanto mais informações temos sobre os diversos lugares do mundo, maior se torna a vontade de visitar e morar em países diferentes. Pare para analisar a quantidade de brasileiros que têm ido morar no exterior, por exemplo, ou de estrangeiros que se mudam para o Brasil. Isso faz parte do *fluxo populacional*.

Esse fluxo pode ocorrer de diversas formas e, como vimos, eles foram incrementados conforme o desenvolvimento dos transportes, já que isso trouxe muito mais mobilidade para as pessoas.

A principal forma que hoje movimenta muitas pessoas são os deslocamentos de ordem econômica, ou seja, o fluxo de trabalhadores em busca das melhores condições de vida. Esses fluxos acabam por trazer importantes contribuições culturais de outros países.

O processo de imigração não é algo novo. Lembra do papo que tivemos sobre meus amigos que se gabavam de seus parentes italianos? Isso só ocorre porque, durante os séculos XIX e XX, a situação econômica e política da Itália, bem como de outros países da Europa, como Espanha ou Irlanda, estava ruim, com índices de pobreza muito altos. Essas pessoas viam em países como EUA, Brasil, Uruguai e Austrália, possibilidade de trabalho, devido à rápida expansão econômica desses lugares.

A globalização e o fluxo de pessoas permitiram que a população circulasse pelo mundo – não livremente, pois em alguns Estados ainda há uma política de entrada de imigrantes que exige todo o cumprimento de uma legislação específica –, e daí surgissem diferentes tipos de fluxo. Vou te contar alguns aqui:

FUGA DE CÉREBROS: Calma que não é nada saindo da sua cabeça, não. A fuga de cérebros pode ser entendida quando profissionais altamente qualificados, que em sua maioria são provenientes de países em desenvolvimento ou subdesenvolvidos, migram para países desenvolvidos por terem perspectivas de trabalhos mais interessantes;

MIGRAÇÃO SUL-SUL: Acontece quando trabalhadores de países subdesenvolvidos migram para países em desenvolvimento em busca de melhores condições de vida. Como no caso dos médicos haitianos que vieram ao Brasil, ou dos bolivianos que trabalham – nem sempre em boas condições e com os direitos trabalhistas resguardados – em São Paulo.

TRÁFICO INTERNACIONAL DE PESSOAS: Dentro das migrações acontecem aquelas de forma clandestina, e aqui acredito que esteja um dos principais problemas contemporâneos e que a globalização permite que aconteça. Em muitos casos, ocorre na base da enganação, em que milhares de pessoas, com a promessa de melhoria da condição de vida, aceitam oportunidades falsas de trabalho em outros lugares do mundo. As principais vítimas são mulheres e crianças e envolvem questões como exploração sexual, trabalho escravo, comércio ilegal de crianças, tráfico de drogas e armas, entre outros absurdos. Importante ressaltar que, por mais que a escravidão seja algo que parece estar muito distante – como discutimos no capítulo *A África não é um país* –, existe uma forma contemporânea de trabalho escravizado, no qual homens, mulheres e crianças são submetidas a condições baixíssimas de trabalho sem que haja remuneração correta e necessária para essas pessoas.

REFUGIADOS NO MUNDO GLOBALIZADO: Dentro dos grupos dos migrantes internacionais, os refugiados se constituem enquanto migrantes que são deslocados forçadamente por motivos políticos ou por conflitos como guerra, perseguições, disputas por território, entre outros apontamentos. Mas guarda essa informação aí. Ela vai ser valiosa para o nosso próximo assunto.

ISSO É XENOFOBIA

Eu quero focar em mais um ponto aqui, que é a forma como determinados imigrantes são tratados a depender do seu país de origem. Você já deve ter visto, no seu Instagram ou TikTok, vídeos de brasileiros ensinando estrangeiros não falantes de português a pronunciar algumas palavras na nossa língua. Os comentários quase sempre são positivos, só que a maioria desses estrangeiros vêm, geralmente, de países europeus, Estados Unidos ou Austrália. O tratamento é diferente (para não dizer horrível) quando falamos de imigrantes chineses. Tal relação é provocada pelo sentimento de xenofobia que é caracterizado pela discriminação e ódio a modos de vida diferentes e também pela aversão à presença de estrangeiros dentro do seu país de origem, o que pode estar associado a opiniões e visões distorcidas que absorvemos da mídia e de outras pessoas, reproduzidos sem pensar duas vezes.

A xenofobia, que já era intensa, se tornou ainda mais frequente quando a pandemia da Covid-19 começou a atingir outros lugares do mundo além da China:

— Se não fossem os chineses esse vírus não tinha chegado aqui.
— Comedores de morcego!
— Não come o pastel do chinês pra não pegar coronavírus.
— É tudo culpa da China!

Essas frases representam atitudes xenofóbicas e preconceituosas.

Ataques como esses acontecem em diversos lugares do mundo e, neste momento específico, os chineses e descendentes acabaram sendo os que mais sofreram, já que o primeiro caso de surto da doença foi registrado na cidade de Wuhan, na China.

Mais de 50 mil chineses vivem no Brasil e muito do discurso que vimos crescer durante esse período pandêmico diz que a China criou o vírus e o mandou para o Brasil e para outros países do globo como se estivesse tramando uma conspiração para dominar o mundo (Essa gente inventa cada coisa...). E sabe o que é ainda mais maluco? O primeiro caso de coronavírus no Brasil foi registrado em uma pessoa que vinha da Europa.

A DIVERSIDADE

A globalização tinha tudo para ser um processo focado na diversidade. Isso, infelizmente, está longe de acontecer; é o que uma das inspirações para a construção da minha carreira afirma no livro *Por uma outra globalização*. O geógrafo Milton Santos no livro que carrega esse título um tanto que esperançoso, escreveu que existem três diferentes formas de enxergarmos a globalização: como ela é, a chamada globalização como perversidade; como nos fazem crer, a globalização como fábula; e a globalização como ela pode ser.

Na globalização como ela é, ou a globalização como perversidade, temos o desemprego, o consumo difundido como sinônimo de felicidade, o subdesenvolvimento e o aumento da pobreza.

Na globalização como fábula, acredita-se que todos possuem os mesmos acessos aos ganhos da globalização e que a ideia da "aldeia global", ou seja, de um planeta interconectado funcionando como uma comunidade sem barreiras geográficas, é algo real, como se os fluxos e oportunidades atingissem todos os cantos da Terra da mesma forma.

E a globalização como pode ser, ou seja, o que se espera dela, é a construção de um mundo com foco na dignidade humana, onde todos possam usufruir de seus benefícios da mesma forma. Talvez isso seja bem difícil se pensarmos o atual estágio do mundo e como o lucro sempre acaba, no fim das contas, sendo o interesse principal.

A forte concorrência entre as empresas é uma importante característica da globalização. As empresas necessitam de cada vez mais qualificações de seus funcionários e, em países onde a maioria da população ainda não possui um alto grau de escolaridade vemos surgir uma realidade muito comum no nosso dia a dia: o desemprego, que pode ser entendido como algo estrutural ou conjuntural.

O desemprego conjuntural é aquele provocado por uma situação sazonal – de tempo –, quando, por exemplo, determinado país apresenta alguns entraves econômicos e acaba por perder alguns postos de trabalho. Quando o desemprego é algo estrutural, acabamos vivenciando um outro cenário. Nesse caso, os avanços tecnológicos que tornam alguns trabalhos obsoletos geram esse tipo de desemprego, por exemplo. As filas de desempregados são um resultado direto do desemprego estrutural.

É aquela cena de *A Fantástica Fábrica de Chocolate* (o filme de 2005, com o Johnny Depp de Willy Wonka) em que o pai do garoto Charlie perde o emprego na fábrica de pasta de dentes porque agora uma máquina consegue colocar muito mais tampinhas do que dois braços humanos. Ou na sociedade idealizada em *Os Jetsons,* em que as máquinas trabalhariam para os seres humanos os liberando da obrigatoriedade do trabalho (é... não é bem assim).

As montadoras de automóveis são um excelente exemplo da vida real. Os carros já não são produzidos da mesma forma, já que na época das linhas de montagem, grande parte dos processos era feita também por humanos. A aceleração do processo de produção foi causada pela automatização e pela entrada da tecnologia na produção em larga escala. Muitos são os problemas levantados pela globalização e pelo mundo em que vivemos, onde os fluxos comunicacionais de informação, de população e de serviços não são igualitários.

Países desenvolvidos usufruem de muito mais serviços e tecnologias do que países em desenvolvimento, mas isso não quer dizer que não haja pessoas pobres ou desemprego nesses lugares, viu? Me lembrei de *Parasita*, o filme sul-coreano premiado no Oscar de 2019. A galera pode achar que a Coreia do Sul é o que é vendido no K-Pop e nos k-dramas românticos que você assiste na TV, mas o país apresenta desigualdades sociais assim como qualquer outro. É por isso que eu continuo batendo na tecla: se informe para não reproduzir algo que não entende direito e falar besteira. E questione sempre! Toda vez que alguém falar que *"é ching-ling"*, rebata. Isso é uma expressão racista e não devemos reproduzir a xenofobia.

9 CEMITÉRIO DO QUE VOCÊ CONSOME

Outro dia vi um tweet que dizia "que dia lindo para comprar mais uma coisa que não preciso" e, olha, ele me fez pensar muito.

Quantas vezes ficamos empolgados quando compramos alguma coisa nova só para, algum tempo depois, perceber que não necessitávamos daquilo e sequer usamos? Ou, então, enfiamos na nossa cabeça que está na hora de trocar um dispositivo eletrônico que ainda funciona perfeitamente só porque ele pode estar ultrapassado?

Será que você realmente precisa desse produto que está na sua lista de desejos ou você só sente vontade de comprar? Ele é realmente necessário, algo que te fará falta caso você não tenha?

Seguindo o exemplo dos produtos eletrônicos, tem-se cada vez mais a sensação de que precisamos estar atualizados, sempre com o celular mais moderno de todos. Mas será mesmo que o seu celular estragou devido ao tempo de uso ou é porque um modelo novo foi lançado e, de repente, o seu parece ultrapassado?

Eu sei que você reconhece esses cenários. Eu também os reconheço e fiz essas perguntas de propósito, exatamente como forma de provocar você para que, juntos, possamos iniciar aqui uma discussão muito importante sobre o consumo.

EU PRECISO MESMO DISSO?

É o ciclo sem fim, e não estou falando da famosa música do Rei Leão. Estou me referindo a sequência que rege nossos dias: comprar, consumir, jogar fora, repetir. Seguimos esses passos quase diariamente com bens de consumo de todos os tipos. É claro que compramos o que precisamos, mas também aquilo que só queremos, seja como forma de nos mimar ou por puro impulso.

Eu já me peguei nessa situação diversas vezes. Abro um site para ler uma notícia e vejo uma pequena e curiosa propaganda do lado. Sou levado para um novo site com diversos produtos que parecem ser extremamente úteis no dia a dia. Meu cérebro automaticamente pensa: *"Como você viveu até agora sem esse utensílio?"*, meus dedos agem por conta própria e, após confirmar a compra, é só esperar o tal do utensílio indispensável chegar em casa. Em poucos dias, ele passa de descoberta do milênio para um objeto de plástico que, após usar duas vezes, ficará esquecido no fundo da gaveta.

Cenário semelhante ocorre quando estamos na fila da caixa do supermercado e nossos olhos passam a vaguear por aquelas gôndolas de produtinhos de última hora.

"Olha, uma forma para fritar ovos quadrados! Como que eu nunca usei isso antes?"

Da gôndola para a sacola de compras, da sacola para a gaveta e da gaveta para o esquecimento. Fica para o seu eu do futuro encontrar esse objeto e passar cinco segundos se perguntando o que raios é aquilo até que esse dia volte à sua memória.

Sim, eu já fiz muito isso. Comprei, sem precisar, produtos que rapidamente passaram de novidade para lixo que eu queria descartar. E descartei. Foi tudo para o lixo, mas, como ocorre com a imensa maioria dos brasileiros, eu não soube exatamente para onde foi e que fim levou. Ou melhor... se levou *algum* fim.

A CULTURA DO IMEDIATISMO

Sempre que penso na nossa sociedade, me lembro do filme *A Fantástica Fábrica de Chocolate* (vou usar esse filme de exemplo sempre que eu puder, pois amo). Mais especificamente, me vem à mente a personagem Veruca Salt. Para quem não se lembra da personagem ou não conhece o filme, trago aqui um pequeno contexto (alerta de *spoiler*!).

Lançado no ano de 1971, e relançado em 2005, o filme nos transporta para uma pequena cidade americana onde há a fábrica de chocolates do Willy Wonka. Ainda que os chocolates sejam conhecidos por todos, a fábrica é um mistério, já que o dono se trancou lá dentro para que ninguém pudesse descobrir ou roubar sua receita. Um dia, o excêntrico Willy Wonka decide sortear cinco bilhetes dourados que levarão cinco pessoas para conhecer a fábrica. O que ninguém sabia é que tudo fazia parte de um plano de Wonka para encontrar um herdeiro que continuasse o seu legado.

A personagem Veruca é uma das sortudas que visita a fábrica, e logo percebe-se que sua personalidade é um tanto quanto irritante. Mimada, ela quer ter tudo. Exige que o pai compre a fábrica, exige comer chocolate, exige ter um dos gansos dourados (ou esquilos seletores, dependendo da versão do filme que estamos falando) de Wonka e, ao tentar pegar um deles, cai em uma calha que termina em um incinerador de lixo.

E você deve estar se perguntando porque essa personagem tão chata me lembra tanto a nossa sociedade. A resposta está no IMEDIATISMO. Precisamos ter, precisamos comprar, precisamos ser, tudo nesse exato instante. Nem ao menos nos perguntamos porque, apenas seguimos aquilo que nos é dito.

A cultura do imediatismo gera pessoas impacientes e mais consumistas, que não pensam duas vezes antes de comprar. E é óbvio que isso é devidamente aproveitado pelas empresas, que produzem cada vez mais e criam cada vez mais propagandas nos convencendo que não seremos tão legais se não tivermos determinado tênis, determinado celular ou comermos determinado lanche.

JUNTA TUDO E JOGA FORA

Muitos dos produtos que consumimos têm embalagens que podem ser recicladas, o que significa que elas podem ser reinseridas na cadeia de produção e, assim, aliviamos um pouco para o meio ambiente. Mas não é bem o que acontece.

Normalmente, a gente acorda de manhã e escova os dentes com uma pasta embalada numa embalagem feita de plástico. O café que tomamos vem num saco de plástico. Os alimentos que comemos são embalados em... acertou: no plástico. Eu me lembrei de uma vez, quando fui comprar um cookie (vou deixar escrito assim para não corrermos o risco de entrarmos mais uma vez na discussão biscoito versus bolacha) e ele vinha dentro de uma embalagem de plástico... até aí, tudo bem. Mas quando abri a embalagem, vi que ele estava envolto em outro pacote feito de plástico. Fiquei em choque com a quantidade de lixo produzido só para comer um único cookie. E assim estamos cotidianamente nesse ciclo.

Nos próximos dias, após ter concluído a leitura deste capítulo, convido você a fazer um exercício. De manhã, retire todo o lixo que você gerou durante o dia anterior e, no final, faça um saldo do tanto de resíduos e descartes que nós, seres humanos, produzimos por dia. Lixo, água, papel higiênico, descarga, embalagens, gases liberados pelo carro ou pelo busão, roupa em bom estado que não te serve e você joga fora ao invés de doar...

Lixo, lixo, lixo e mais lixo. E o destino é sempre o mesmo. Jogar fora.

O problema é que, na verdade, não jogamos de fato as coisas fora, apenas as realocamos. Ainda que elas deixem de existir em nossa mente a partir do momento que as tiramos de nossas casas, não sumiram do planeta como num passe de mágica. Foram apenas movidas para outro lugar, onde não possamos mais vê-las.

Seria ótimo se o lixo desaparecesse do mundo da mesma forma como some da nossa mente. No entanto, ele demora mais de cem anos para se decompor na natureza. Ou seja, aquele canudo do Toddynho que você jogou no lixo quando tinha cinco anos ainda está aqui no planeta e vai ficar por um bom tempo. Pode ser que ele esteja lado a lado com a sua primeira escova de dentes, aquela em que colocavam a pasta de dentes gostosinha com sabor de morango para você pegar o gosto de higienizar sua boca. Os anos se passaram e muitas escovas de dentes substituíram aquela. Ainda que nenhuma delas esteja mais na sua casa, elas ainda existem, estão em algum lugar por aí.

— Ah, mas João, não dá para usar a mesma escova de dentes para sempre.

Sim, é verdade. Só que existem opções mais sustentáveis hoje em dia, né? Mas, mesmo assim, não paramos nunca de produzir, de consumir e de gerar cada vez mais lixo, mais desperdício.

SUSTENTABILIDADE

De fato, parece que estamos num ciclo sem fim e que não é possível sair desse redemoinho. Mas, como eu disse, existem algumas alternativas e vamos falar a respeito delas daqui a pouco, antes disso preciso trazer aqui algumas observações que sempre faço quando o assunto é uma palavrinha que ficou bem conhecida nos últimos tempos: sustentabilidade.

Você com certeza ouviu falar muito dessa palavra recentemente. Seja por ouvir pessoas apoiando, ou desdenhando do movimento. A sustentabilidade se tornou foco das discussões em diversos setores nos últimos anos, desde as empresas até a sociedade não detentora dos meios de produção.

Parece que, repentinamente, a ideia de cuidar do planeta ganhou foco (que bom!). Mas, na verdade, essa preocupação não ocorreu de uma hora para outra. Movimentos sociais ambientalistas e pessoas comprometidas e preocupadas com o futuro do planeta sempre existiram e sempre tentaram pipocar a discussão em diversos lugares.

Foi na década de 1960 que surgiram os primeiros movimentos ambientalistas, em um período pós-guerra. Esses movimentos eram motivados pela contaminação da água e do ar em países industrializados. Em 1961, deu-se a fundação de uma das maiores organizações não governamentais (ONGs) ambientalistas, a WWF – Fundo Mundial para a Natureza.

A preocupação com o nosso planeta não é exatamente uma novidade, então. A diferença, entretanto, é a urgência que agora temos em discutir tais questões, que é muito maior do que antes.

Imagine que, ao andar pela rua, você abra uma bala e joga o papelzinho dela (que está mais para plastiquinho) no chão. Isso pode não parecer nada demais para você naquele momento. O vento provavelmente levará aquele papel e você nunca mais o verá de novo. Agora imagine se todas as mais de 200 milhões de pessoas que vivem no Brasil decidissem ter a mesma ideia que você? Seria muito lixo jogado em lugares indevidos, certo? Não que o lixo que é recolhido na rua seja descartado no lugar onde deveria ser, já que, em muitas regiões das cidades, a coleta de lixo nem é uma questão com a qual os governos se preocupam, tal qual o acesso a água tratada, tratamento de esgoto, controle epidemiológico etc.

Isso me fez lembrar de uma notícia que eu vi circular recentemente no Twitter. Na verdade, não sei se é *tããão* recente assim, pois é do ano de 2019, mas me lembrei dela. Um banhista encontrou na praia de Cananeia, em Ilha Comprida, SP, a embalagem de um salgadinho fabricado no ano de 2001. Olha que loucura pensar nisso.

Parece que fomos viajar no tempo e voltamos. A embalagem já não tinha mais a mesma forma de antes, mas se considerarmos que o plástico demora em média 450 anos para se decompor na natureza, podemos encontrar, espalhados pelos oceanos, embalagens de *muuuuito* tempo.

— CALMA, ESPERA AÍ. QUATROCENTOS E CINQUENTA ANOS?

Sim!

Sabe aquele papelzinho de bala que você pensa que não fará grande diferença se for jogado no chão? Você vai morrer sem vê-lo se decompor na natureza.

CANUDOS, GLITTER E SACOLAS DE SUPERMERCADO: OS ARQUI-INIMIGOS DO MEIO AMBIENTE?

Os metais demoram em média 100 anos para se decompor. O alumínio, 200 anos. O plástico, mais de 400 anos. O vidro, mais de 1000 anos. Pense quantas gerações de família são necessárias para ver o mesmo pedaço de lixo em seus diferentes estágios de decomposição. É muito tempo, mas *muuuuuito* tempo mesmo! Ao longo dos últimos anos nós vimos emergir uma série de discussões em nossa sociedade que levantavam pontos importantes e que estão sempre em alta. A primeira delas é a clássica Lei do Canudo (que eu nem sei se tem esse nome, mas todo mundo falava isso e desse jeito).

Aparentemente, de uma hora para outra o canudo de plástico se tornou o inimigo mortal do meio ambiente. Bares e restaurantes não podiam servir bebidas acompanhadas desses canudos, por exemplo. Mas como comentei com você anteriormente, a nossa sociedade é a sociedade do consumo, que tem uma forma muito eficiente de criar novas necessidades ou alternativas para que a gente continue sempre consumindo.

Do plástico, o canudo foi para o metal, o papel e outros materiais. Lembro-me que uma vez vi uma notícia que dizia que algumas pessoas com deficiência necessitam do canudo em seu cotidiano para facilitar o consumo de líquidos. Isso me faz pensar em questões que considero relevantes como: porque ao invés de bani-lo, as empresas não cobram que o canudo retorne para a bandeja caso você o recuse? E porque as pessoas que podem e conseguem SIMPLESMENTE NÃO LEVAM O COPO ATÉ A BOCA?!

Outra discussão que, vira e mexe, ressurge na internet é a respeito do glitter, principalmente durante a época do carnaval. Sim, ele mesmo, aquele brilho que você joga aos montes nos amigos durante o bloquinho e demora quase um ano para conseguir tirar do corpo.

Esse querido que decora as fantasias da galera é feito, em sua maioria, de microplástico e não é biodegradável. Quando você besunta seu corpo de glitter e depois toma banho, ele desce pelo ralo junto com a água, passa pelo esgoto, e essa água e partículas – que não são filtradas nesse processo – acabam indo parar nos rios e oceanos. Nem todas essas partículas são glitter, algumas são pedaços minúsculos de plástico e de outros materiais. Esse lixo acaba por entrar dentro da cadeia alimentar. Lembra dela nas aulas de biologia? Aquela sequência de organismos vivos que servem de alimento uns para os outros?

Sabe os plânctons que nem o do Bob Esponja? Eles, geralmente, são a base da cadeia alimentar de ecossistemas aquáticos, ou seja, o ponto de partida. No entanto, o plástico tem entrado para roubar seu posto. Nesse caso, os plânctons se alimentam de plástico, depois servem de alimento para os peixes que, por sua vez, alimentam os seres humanos. Então, de certa forma, estamos comendo o plástico, não é incrível?

Mas o glitter que é produzido a partir do plástico, com placas de PET ou PVC, não é o único inimigo do meio ambiente, não. Alguns estados chegaram a proibir a entrega gratuita das sacolas de supermercado após os clientes terminarem as compras. As sacolas em si ainda existiam, mas se quiser uma, você precisa comprar. E as pessoas compram, viu? Seria essa uma estratégia de redução de lixo ou mais uma forma dos mercados lucrarem? Fica aí o questionamento.

O LIXO DA INDÚSTRIA TÊXTIL

Precisamos observar como funciona a produção e a geração de lixo no nosso país. Aquele papo de "Na Noruega isso deu certo" não cola para a gente aqui. Estamos falando de países com histórias completamente diferentes umas das outras, com processos históricos, geração de trabalho e renda, e até tamanho e densidades demográficas completamente diferentes entre si. Você se lembra que falamos sobre o tamanho do nosso país? O território da União Europeia cabe duas vezes dentro do Brasil.

As medidas de redução do canudo, das sacolas e do glitter são importantes, sim, para os avanços que vamos ter daqui para a frente ao falarmos sobre questões ambientais, porém seriam mesmo o canudo, o glitter e as sacolas de plástico os verdadeiros inimigos do meio ambiente?

Existem empresas que produzem cotidianamente toneladas e mais toneladas de lixo. Isso não quer dizer que, pelo fato de as empresas poluírem, você tem autorização para sair jogando papel de bala pelo chão, viu?

É importante que as pessoas compreendam que isso é um papel da sociedade como um todo. A indústria têxtil, por exemplo está na lista das empresas que mais poluem no mundo e, talvez, o principal desafio seja o de construir uma produção sustentável, ou seja, fazer com que os produtos sejam mais amigáveis ao ambiente e repensar o descarte diário das roupas.

Para você ter ideia, a produção de uma única camiseta de algodão gasta em média 2,7 mil litros de água, enquanto uma calça jeans usa em média 10 mil litros. Assustador, né?

Quando você vai comprar uma calça jeans já deve ter ouvido o atendente falando que calça tal é de tal lavagem. Pois então, é lavagem mesmo: esse termo se refere à água que está na produção da peça. Os corantes que dão cor às nossas roupas viram resíduo despejado em cursos hídricos e possuem alta carga de compostos químicos que fazem parte da contaminação dos rios. Grande parte da água que faz parte da produção de uma peça está presente na fase de acabamento e/ou tintura, a tal lavagem que o vendedor fala.

A INDÚSTRIA FAST FASHION

Ultimamente, temos visto o crescimento desenfreado da utilização rápida das peças de roupa, o famoso *fast fashion,* aliado com as muitas tendências de moda que tentam colocar na nossa cabeça que repetir roupa é ruim.

Quando me tornei uma figura pública precisei usar muitas roupas de diferentes cores e peças. Nunca vi problema em repetir as peças que uso (afinal, não comprei uma lava e seca à toa, *risos*), mas cheguei até a receber algumas críticas por conta de uma jaqueta que sempre uso:

— Ah, mas você usou isso semana passada...

Claro que usei, vou jogar fora? É uma roupa que eu gosto e faz com que eu me sinta confortável, uai.

Eu penso assim, mas nem todos tem a mesma percepção que eu. Somos guiados pela concepção do *fast* (rápido, veloz): o *fast food* já está presente no cotidiano brasileiro faz tempo, e o *fast fashion* chegou com tudo.

Quer fazer um pequeno exercício? Acesse o YouTube e digite "comprinhas fashion" na busca (o TikTok também é um ótimo lugar para fazer esse teste). Ajuste os resultados da pesquisa para a última semana ou até mesmo os últimos três dias. Você encontrará centenas de vídeos mostrando compras recentes feitas em lojas de *fast fashion* diversas.

E não me leve a mal, acho interessante que as pessoas tenham a oportunidade de produzir esse conteúdo, afinal, bastante gente gosta de assistir. Mas, muitas vezes, ao entrar nesses canais, você verá a mesma pessoa postando uma série de vídeos de compras diferentes em inúmeras lojas, em alguns casos, na mesma semana. E aí eu fico pensando: será que precisa mesmo de tudo isso?

A cada dia que passa vamos transformando nossas peças em algo que não pode ou não deve ser reutilizado. Imagina não poder utilizar novamente uma calça ou uma jaqueta jeans porque vão notar e comentar?

UM CAUSO SOBRE O JEANS

Quero, inclusive, aproveitar pra contar uma curiosidade sobre o jeans. O tecido faz parte do nosso dia a dia, de todos os jeitos e cores, e circula tanto nas lojas de *fast fashion*, quanto nas de moda *high end*, ou seja, aquelas bem caras e bem chiques dos designers.

Quando ele surgiu, era utilizado como material para confeccionar roupas para trabalhadores no campo e para marinheiros que iriam viajar durante bastante tempo. Isso porque era considerado um tecido resistente. Interessante, né? É, não sei se tão interessante assim se formos pensar no contemporâneo.

O jeans chamou a atenção do alemão Levi Strauss no ano de 1837. Ele decidiu, então, utilizar o material para fabricar as suas calças, focadas em trabalhadores da indústria da mineração. As calças chamaram a atenção dos fashionistas e o resto da história já dá para imaginar ao pesquisar o preço de uma calça da marca hoje em dia.

Você lembra que, quando falamos de China, falamos sobre o processo de desconcentração industrial? Mais especificamente, discutimos como empresas transferem a sua produção para lugares onde a mão de obra é mais barata para diminuir o custo de produção e aumentar o lucro. Buscando isso, a indústria da moda está no centro dos principais problemas ligados a trabalhos análogos a escravidão pelo mundo. Em São Paulo, foram encontradas pessoas que produzem peças durante 12 horas por dia e recebem salários de menos de R$ 240,00 por mês. As mesmas peças que você vê na vitrine do shopping por mais de R$ 300,00.

"NA MINHA ÉPOCA DURAVA MAIS"

Uma vez um chinelo que eu tinha arrebentou e meu pai imediatamente proferiu a frase que dá título a essa seção. Eu me peguei pensando "será que durava mesmo?" e, de certa forma, faz até um pouco de sentido. A vida útil de um produto é o tempo em que ele será usado sem estragar e sem que precisemos comprar um novo. Se o chinelo na época do meu pai durava mais, será que a vida útil dos chinelos diminuiu? Provavelmente sim.

Mas não faz muito sentido na nossa cabeça, não é mesmo? Afinal, o tempo de vida das pessoas têm, em geral, aumentado, graças aos avanços tecnológicos que possibilitam descobertas na medicina. A ideia seria que quanto mais avançadas são as ferramentas à disposição para construir coisas, maior a qualidade e mais essas coisas deveriam durar.

Por que, então, o chinelo agora dura tão pouco e temos que comprar outro imediatamente? Ou porque nossas calças parecem rasgar mais rápido? Se antes meu pai usava um mesmo chinelo por dois anos, ele agora compra praticamente um por ano.

A resposta é muito simples: assim, as empresas lucram mais. Imagine comigo: se eu compro um produto hoje e ele dura cinco anos, então eu não precisaria comprar outro igual durante esse período, certo? Mas para uma indústria que produz cada vez mais, esse não é um bom cenário. Então, é preciso fazer com que os produtos durem menos. Algumas pessoas dizem que esse pensamento foi originado com as empresas de iluminação que, ao perceberem que as pessoas estavam parando de comprar lâmpadas, passaram a fabricar produtos com uma vida útil menor.

As empresas precisam que as pessoas estejam sempre comprando. Assim, mais produtos serão fabricados, mais serão vendidos e mais dinheiro a empresa ganha. Esse ciclo nunca terá fim. A tecnologia para desenvolver bens mais duráveis existe, mas nem sempre é aplicada. Produtos que duram mais custarão muito mais caro.

Esse processo é conhecido como obsolescência programada, originária da palavra "obsoleto": algo sem utilidade. É por isso que, depois de um tempo, certos aparelhos de celulares param de receber as atualizações do fabricante, mesmo que ainda pudessem ser atualizadas sem comprometer o seu funcionamento. Afinal, novos celulares são lançados anualmente e não serão comprados se as pessoas estiverem completamente satisfeitas com os modelos que já possuem.

São produtos feitos para ter durabilidade máxima de dois anos e, depois, serem trocados por outros. E se você pensar que há uma grande quantidade de pessoas que troca de celular assim que um novo é lançado, vai perceber que o plano dessas fabricantes deu certo. A competitividade está a todo vapor e sentimos que temos que ter sempre tudo do mais novo. Você consegue comprar chinelos de diferentes cores, celulares de diferentes tamanhos e funções, roupas de diferentes modelos. E tudo isso, um dia, vai virar lixo.

Existe um limite entre: "eu preciso" e "eu quero" – nem sempre nós precisamos do que compramos. Alguns produtos são de fato necessários, mas existem mercadorias que, passado o *hype,* o burburinho, viram apenas mais uma coisa a ser descartadas. Comecei a refletir sobre isso quando percebi que tinha em casa inúmeras coisas que eu não usava e me peguei pensando para onde esses produtos iriam se eu resolvesse jogá-los fora.

CEMITÉRIO DO QUE VOCÊ JÁ USOU

Já vimos que a África não é um país, mas sim um continente. Agora, falaremos de um dos países que compõe esse continente: Gana. Localizado na África Ocidental e com mais de 31 milhões de habitantes, é um dos menores países africanos, sendo menor que o Rio Grande do Sul. Gana tem o maior lago artificial do mundo, o lago Volta, e é o segundo maior produtor de cacau do mundo.

Entretanto, o país têm sido manchete de noticiários por outro motivo: tornou-se o lixão têxtil de países ricos. Semanalmente, mais de 15 milhões de roupas usadas são despejadas no país, sendo descartadas em aterros já sobrecarregados.

Essas roupas são enviadas com o pretexto de serem doações, mas muitas são peças danificadas ou de baixa qualidade, que não podem mais ser utilizadas por outras pessoas. Países do continente europeu e outros países como China e Estados Unidos enviam, religiosamente, seu lixo têxtil para Gana. E repito: não são doações, são descartes.

Ninguém doa o que não pode ser mais utilizado. Doamos coisas úteis, que, mesmo que não tenham mais serventia para nós, podem ser aproveitadas por outras pessoas.

O excedente da produção desses países é despejado em Gana, porque, afinal de contas, "ninguém vai ver". O mesmo ocorre em um dos marcos da natureza: o deserto do Atacama, o mais alto do mundo. Localizado no Chile e se estendendo até a divisa do país com o Peru, esse incrível deserto é foco de milhares de turistas. Entretanto, ele também se tornou o destino final de roupas usadas, com quase 60 mil toneladas de peças de roupas sendo despejadas ali anualmente.

Essas peças vêm, sobretudo, de fábricas que enviam seus produtos para os Estados Unidos e para a Europa. Se os produtos são de má qualidade ou não são comprados, são direcionados ao Chile em uma tentativa de venda para outros países. Se mesmo assim não forem comprados, seu destino final será o deserto.

O continente africano também é o destino final de grande parte do lixo eletrônico do mundo, sempre com a mesma justificativa: a "doação". De acordo com dados do Programa das Nações Unidas para o meio ambiente, 90% do lixo eletrônico do mundo inteiro é despejado de qualquer jeito no continente africano, sem critérios de descarte adequados. O principal destino? Gana, mais uma vez.

Telas de televisão, celulares, computadores antigos, baterias que soltam substâncias tóxicas e poluem o ar e a atmosfera e envenenam os trabalhadores locais. O descarte feito dessa forma é muito mais barato para as empresas, que não se importam com a poluição que geram.

A desculpa é muito bem formulada: o país precisa de roupas e eletrônicos, então caridosamente enviamos para eles. Mas por que, então, não são doadas roupas de boa qualidade, computadores e aparelhos novos e funcionais? Esses produtos são despejados de qualquer jeito no continente, sem respeito mínimo às populações. Isso é revoltante. O descarte negligente, sem compromisso não é doação.

Os aterros sanitários e lixões *abrigam* o que descartamos. Porém, famílias vivem próximas a essas localidades devido à falta de renda. Esses lugares, por causa do descarte constante e em muitas vezes sem nenhum tipo de controle e fiscalização, contaminam o solo e os rios, e atraem pragas urbanas como ratos, baratas e outros insetos.

É interessante pensarmos, por exemplo, na injustiça ambiental a partir de uma perspectiva econômica. Você acha que o Estado descartaria o lixo urbano num bairro rico? Não, né? Porque então ele é descartado próximo a comunidades com pessoas em vulnerabilidade social?

A ILHA DO LIXO

Localizada entre o estado da Califórnia e o Havaí existe uma ilha. Feche os olhos e tente imaginá-la. Você provavelmente está pensando em uma pequena ilha com a água azul mais cristalina que existe, o sol mais gostoso, hotéis cinco estrelas e os coquetéis mais instagramáveis que o ser humano é capaz de produzir, com direito a um guarda-chuvinha e canudinho para completar, certo?

Sinto muito, mas vou estragar a sua felicidade. A ilha a que me refiro não é assim. Ela é grande. Muito grande. Tem uma área de mais de 1,6 milhão de quilômetros quadrados, um pouco maior do que o estado do Amazonas. E, sim, pode ser que lá tenha sol, já que essa é uma localização geralmente ensolarada. E garanto que você encontrará muitos dos canudinhos da sua bebida dos sonhos, ao lado de muito lixo. Essa é a Ilha do Lixo, também chamada de Ilha do Plástico.

Nela há mais de 80 mil toneladas de lixo plástico em uma área que é chamada de sétimo continente. São detritos de muitos países diferentes que são despejados no mar e, devido à incidência das correntes marítimas, vão parar nessa região do planeta.

Quem viu à série estadunidense *How I met your mother* pode, talvez, se lembrar de quando um dos personagens, Marshall Eriksen, um advogado ambientalista, menciona essa ilha. Ela é responsável pela morte de milhares de animais anualmente, alterando o ecossistema de regiões inteiras. São cerca de 700 espécies afetadas por essa enorme concentração de lixo.

A ilha foi encontrada, pela primeira vez, no ano de 1997 pelo oceanógrafo estadunidense Charles Moore, quando ele fazia uma viagem pelo local com seu veleiro.

1997. MIL NOVECENTOS E NOVENTA E SETE! E as pessoas já estavam alarmadas com o tamanho da ilha naquela época. Charles relata que levou sete dias para atravessar o lugar.

Muito desse material provém de redes e jaulas de pesca abandonadas, mas também de resíduos de países como Japão, Estados Unidos, Canadá, Chile, Alemanha, Itália, Colômbia, China e México e que, agora, estão à deriva no oceano.

Como estamos vendo, o descarte incorreto do lixo é um problema que tem inúmeras consequências. Não pensamos mais sobre o lixo que produzimos quando ele some da nossa vista, mas há pessoas que têm seus ganhos provenientes daquilo que outros não querem mais. Pessoas que vivem do lixo.

VIVER DO LIXO, COMER DO LIXO

Muitas pessoas vivem do lixo. Em Gana, por exemplo, muitos trabalhadores sobrevivem do lixo eletrônico descartado no país. Pode ser que você esteja pensando que, então, o ciclo se fecha, já que esse lixo está ajudando as pessoas a fazer dinheiro de alguma forma.

Entretanto, essas pessoas só sobrevivem do lixo eletrônico por conta do baixo investimento em geração de emprego e renda no país. E sim, os países desenvolvidos possuem uma imensa parcela de culpa nisso, já que, como eu disse, esse lixo eletrônico causa até mesmo o envenenamento desses trabalhadores. Junto às placas descartadas dos eletrônicos que podem ser comercializadas, substâncias tóxicas como mercúrio, chumbo e arsênico entram em contato direto com as pessoas, com os rios e com o solo. Um problemão a se resolver.

A questão é que o lixo não para de chegar e a produção nos países desenvolvidos também não é interrompida. E o pior, a maior parte do que chega é despejado de maneira ilegal. Por que esses países não investem em sistemas e programas de coleta de lixo? Outras iniciativas como o uso de materiais recicláveis e a própria reciclagem também podem ajudar a diminuir esse impacto ambiental. A verdade é que muitas empresas não investem nessas iniciativas por serem mais caras. Mas os consumidores têm cobrado, cada vez mais, que as empresas descartem corretamente seus lixos e tenham opções mais ecologicamente corretas de produção e de produtos.

E claro que, enquanto consumidores, temos também que fazer a nossa parte. Ao invés de jogarmos aquele celular antigo no lixo, por exemplo, podemos procurar por programas de retoma de aparelhos eletrônicos antigos, em que as peças são aproveitadas para a confecção de produtos novos.

Estados Unidos, China e Índia, somados, produzem quase 40% da quantidade mundial de lixo eletrônico. Você lembra quando falamos das fábricas de produtos eletrônicos que existem na China e como esse país, rapidamente, aumentou sua economia e passou a competir com outros grandes produtores? Ele tornou-se, também, o maior produtor de lixo eletrônico do mundo inteiro.

A infraestrutura responsável por gerir o lixo eletrônico é quase ausente em países pouco desenvolvidos. E, ainda que ela exista em países desenvolvidos, como vimos, em muitos casos esse descarte consiste em simplesmente despejar esse lixo em outro país, aproveitando-se dessa baixa infraestrutura.

Quando penso nesse assunto e em todas as questões que o envolvem, me lembro muito do documentário Ilha das Flores (1989) que, ainda que seja antigo e necessite de algumas ressalvas, demonstra uma realidade vivida no Brasil até os dias de hoje, relacionadas à forma como os produtos são feitos, comercializados, descartados e de como tudo se desdobra a partir daí.

O documentário mostra a localidade onde parte do lixo da cidade de Porto Alegre é despejado. Lá, pessoas comem alimentos que foram descartados e recusados pelos porcos. Sim, você leu certo: pessoas que comem *depois* dos porcos.

O DINHEIRO É QUEM MANDA

O que determina essa ordem? Dinheiro.

O dinheiro se tornou a principal forma de conseguir produtos, alimentos e sobrevivência. Para conseguir dinheiro você precisa de trabalho, para conseguir trabalho, você precisa estudar.

Por muito tempo a forma de conseguir mercadorias era por meio da troca, o escambo, também chamado de permuta. E aqui não me refiro à permuta dos influenciadores, ainda que o sistema seja parecido. Trocavam-se produto X por produto Y.

Porém, pensando que existem mercadorias que demandam mais tempo de cultivo e produção, a troca passou a ser vista como um sistema injusto para quem produz.

É aí que entra o dinheiro. E essa se tornou a lei imposta: quem não tem dinheiro, não pode comprar. E aqui estamos falando, claro, de produtos como roupas e eletrônicos, mas também estamos falando de comida.

É chegada a hora de a gente parar de achar que a fome é algo que você sente. Ela é mais do que uma sensação, é um problema sistêmico dentro da sociedade. Pessoas morrem de fome. Mas a questão é: não tem comida ou ela não é distribuída?

Aposto que você já viu supermercados jogando fora inúmeros alimentos que venceram na prateleira porque não foram vendidos. Que interessante seria, então, se as datas fossem percebidas com mais antecedência para que esses alimentos pudessem ser doados para pessoas que passam fome antes da comida estragar, não? Sabe por que isso não acontece? Porque doação não traz lucro! É tudo parte de um ciclo.

A REVOLUÇÃO VERDE

O Brasil vivenciou, a partir dos anos 90, o período que conhecemos como Revolução Verde, expressão relacionada com o aumento da produção agrícola por meio do uso de mecanização e de insumos industriais, tornando obsoleto o trabalho manual de inúmeros trabalhadores e gerando uma espécie de desemprego estrutural.

A Revolução Verde é um fenômeno mundial que também ocorreu nos Estados Unidos e na Europa, por volta dos anos 60, e tem como base a utilização de sementes geneticamente alteradas e produção em massa de produtos.

Essas pessoas começaram a perder seus empregos e, consequentemente, migraram para as cidades em busca de melhores condições de vida ou começaram a formar centros urbanos em cidades do interior, a fim de gerar empregos.

O aumento da produtividade fez com que a legislação flexibilizasse a utilização de insumos químicos nos alimentos. Estamos falando dos famosos agrotóxicos que são usados na comida que comemos diariamente e que encontramos nas prateleiras dos supermercados.

Basicamente, percebeu-se que era possível produzir muito mais e gerar alimentos com uma aparência melhor ao utilizar essas técnicas e produtos e, então, como diz a música do Terra Samba, foi só "liberar geral".

Essas plantações em massa com o objetivo de exportação tinham como foco produtos únicos. Isso significa que porções enormes de terra eram alocadas para plantar um único alimento que seria exportado. Você consegue perceber o problema nisso?

Para além do fato de que esse tipo de plantação, chamada de monocultura, ocupa grandes latifúndios, ela modifica o solo no local, esgotando seus nutrientes. A cobertura vegetal original desses locais é, geralmente, composta por uma enorme variedade de plantas diferentes, que são todas removidas para que uma única espécie seja plantada. O solo, então, recebe menos nutrientes diferenciados e se torna empobrecido (olá, erosão do solo).

Além disso, os animais que vivem nesse ambiente são privados de seus alimentos, tendo que se mudar para outro lugar. Aqueles que permanecem correm o risco de se contaminarem com os agrotóxicos.

O glifosfato, por exemplo, é um insumo usado na prevenção de pragas em plantações de soja. Esse mesmo produto é um dos componentes utilizados no conhecido Agente Laranja, arma química utilizada na Guerra do Vietnã (1961-1971). Essa mesma arma continua poluindo o solo vietnamita 50 anos após o fim da guerra.

Estudos indicam que a ingestão desses insumos químicos usados na produção alimentícia acabam gerando problemas futuros ao organismo dos seres humanos, como problemas intestinais, renais e até câncer. Como foi que nós aceitamos isso?

É HORA DE REMEDIAR

Eu acredito que o descaso e desinteresse do Estado em criar um sistema de reciclagem e coleta seletiva que funcione em todo o país contribui muito para que o desperdício e o descarte errado sejam maiores.

Há muito tempo, as atividades humanas geram impacto negativo no planeta. Hoje, é mais comum a ocorrência de conferências sobre o meio ambiente, que buscam criar estratégias e estabelecer metas para que o impacto ambiental seja menor.

A União Europeia, por exemplo, tem planos de reduzir em 55% as emissões de gases que causam o efeito estufa até o ano de 2030. Isso significa a imposição de padrões ambientais ainda mais rígidos a serem cumpridos pelas indústrias sediadas nesses países, bem como a criação de tarifas específicas para a importação de produtos considerados poluentes.

O problema, como já vimos, é que muitos desses países já não têm suas principais fábricas sediadas no próprio território. Essas medidas são importantes, mas não são suficientes se, em conjunto, não forem tratadas situações como aquelas que relatei em Gana e no Chile.

Caso contrário, o que temos é aquela situação bonitinha que, como diz o ditado, serve "para inglês ver": tudo funciona lindamente nos países desenvolvidos, mas, enquanto isso, o verdadeiro lixo deles está poluindo outros lugares.

É necessário, também, incentivar cooperativas de reciclagem e transformação do lixo e, principalmente, gerar emprego e renda para que ninguém precise comer o lixo que alguém descartou. Em nenhum lugar do mundo.

É o mesmo que ocorre quando nossa família vai receber visita em casa e cisma que temos que arrumar o nosso quarto. Ao invés de aproveitar a oportunidade para organizarmos aquela cadeira em que jogamos todas as nossas roupas e, assim, de fato manter o ambiente arrumado, jogamos tudo dentro do armário. Se a visita entrar ali, verá um quarto arrumadinho. Mas se ela resolver abrir a porta do seu armário, as roupas, fatalmente, cairão em cima dela.

É claro que é necessário que essa postura seja cobrada também das grandes empresas. E, na minha opinião, é necessário mexer onde elas mais sentem, ou seja, no bolso. Com taxas pesadas sendo impostas para empresas que poluem e também para países que descartam seu lixo de forma indevida, seja no próprio território ou em outros locais. O problema, nesse caso, é que esses mesmos países são os responsáveis por fazer as regras... Você já deve imaginar o resultado disso.

CONSUMO CONSCIENTE

Eu sei. Esse é um capítulo um tanto quanto denso. Dói a cabeça pensar nessas situações e acreditar que não há nada que possamos fazer para mudá-la. Mas, sim, podemos fazer a nossa parte.

A reciclagem é o primeiro passo. Separe o lixo em sua casa e, se possível, leve até pontos de coleta, caso a coleta seletiva não esteja disponível em sua cidade. Mas, para além disso, reflita sobre o consumo consciente.

Lembra que começamos a nossa conversa falando sobre querer ou precisar? A cada vez que vou comprar algo novo, reflito sobre a real necessidade de ter aquilo. Diminuir a compra por impulsividade é maravilhoso, seu bolso com certeza irá agradecer. Isso ajudará a produzir menos lixo, seja ele têxtil, eletrônico ou de outro tipo.

Se você tiver roupas que não usa mais, procure doá-las ao invés de simplesmente jogá-las fora. Pode ser que essa roupa não agrade mais você, mas seja perfeita para uma outra pessoa que necessite dela. Isso serve também para os produtos eletrônicos. Muitas lojas disponibilizam serviços em que você pode vender seu produto eletrônico antigo ou dá-lo como entrada caso queira comprar um novo. Esses produtos são enviados para centros onde serão reutilizados.

Além disso, é importante buscar conhecer o processo de fabricação dos produtos que consumimos. Quanto menos consumirmos de marcas responsáveis por gerar toda essa poluição ambiental, e mais daquelas que buscam uma postura ecologicamente sustentável, mais possível a mudança se torna, certo?

Afinal, esse é um problema que vamos deixar para depois? Para os nossos "eus" do futuro? Acho melhor não...

10 MEMÓRIAS DE UM RACISMO MASCARADO

E chegamos ao último capítulo, um dos mais importantes para mim. Você já sabe que sou professor de geografia e pode ser que tenha me visto na televisão ou na internet. Agora, me conheceu enquanto autor. Soa gostoso dizer essa palavra. Foram meses em frente ao computador escrevendo, fazendo reuniões e pesquisando para trazer todas estas informações para você. Este deveria ser o capítulo mais fácil. Ele traz histórias sobre mim. Ainda assim, foram muitos dias e inúmeras páginas em branco até que ele começasse a ser escrito. Vamos lá...

Não é à toa que ele é o último. Em partes para adiar o que vamos conversar aqui, em partes porque acreditava que ele merecia essa posição de destaque, para que, ao terminar de ler, você possa passar mais alguns instantes refletindo comigo. Nem sempre é fácil falar sobre nós mesmos, ainda mais num livro, deixando registrado para todos que quiserem ler. Tentei, ao longo das páginas que você leu , contar algumas situações da minha vida. Mas, de antemão, digo que aqui é onde você conhecerá mais sobre o João Luiz Pedrosa.

Depois de muito refletir, percebi que certas histórias devem ser contadas, por mais que a nossa vontade seja de esquecê-las ou de não as ter vivido. É preciso conversar sobre a história para que ela não se repita, para podermos nos conscientizar enquanto sociedade. O papel que sempre exerci com mais carinho na vida foi o de professor. E, assim como trouxe, ao longo dessas páginas, dúvidas de geografia que podem mudar sua percepção sobre o mundo, ilustradas com exercícios práticos, me coloco aqui por inteiro, como ser humano e cidadão, compartilhando histórias que, ainda que sejam sobre mim, sabemos que também não são.

1996

Eu nasci em 9 de outubro de 1996 na cidade de Santos Dumont, em Minas Gerais, filho de uma mãe branca, professora; e um pai negro, metalúrgico. Poucos meses depois que eu nasci, minha mãe foi levar meu irmão para a escola.

Meu irmão é branco, fruto de outro relacionamento da minha mãe. Não tinha muitos alunos negros na escola do Tiago, um colégio particular no centro da nossa cidade. Minha mãe conta que, no primeiro dia em que eu fui até a escola, ainda no carrinho de bebê, as professoras do meu irmão apostaram entre si, especulando qual seria a cor do bebê. O bebê, no caso, era eu. Elas queriam saber se eu nasci branco ou negro. Ao ouvir toda a discussão, minha mãe genialmente respondeu:

— Meu filho é verde, e tem duas anteninhas, você quer ver?

No outro dia, meu irmão estava em outra escola.

2004

Quando estava perto de completar 8 anos, eu me lembro de pegar catapora. O tratamento, caso você não saiba, era uma pasta branca, a chamada pasta d'água, que foi passada por todo o meu corpo. Essa pasta ajudava a aliviar a coceira e me lembro exatamente da sensação quando ela era aplicada e eu já não sentia uma vontade tão intensa de me coçar.

Mas me lembro também de um outro sentimento: de olhar para o meu braço e pensar "é assim que eu queria ser: branco". Ou, ao menos, eu achava que havia apenas pensado. Em algum momento devo ter verbalizado para os meus pais, que me deram o que eu me recordo como a primeira palavra de conforto:

— Você é bonito do jeito que você é.

Eu acreditei. E continuo acreditando.

2007

Aos 11 anos, comecei a ir para a escola sozinho. Morávamos no centro da cidade, meu pai recebia um bom salário em seu emprego e minha mãe também. Tínhamos uma condição de vida confortável na época. Meu irmão sempre ganhava uma graninha para dar rolê com os amigos, eu ganhei um computador... tudo estava indo bem. A escola que eu estudava era pública, considerada a melhor da cidade.

Eu e uns amigos vizinhos, que moravam no mesmo prédio, íamos todos os dias juntos para o colégio. Uma liberdade saborosa para um pré-adolescente, a de poder caminhar sozinho e sentir-se um pouco dono de si. Lembro-me de um dia de julho em que fazia muito frio e, por isso, coloquei um capuz na cabeça e envolvi as minhas mãos com a manga do casacão que eu usava.

O problema é que tivemos a infeliz ideia de parar na loja de doces na esquina da escola. Um absurdo, não é mesmo? Crianças querendo comprar doces com o dinheiro dado pelos pais. Andamos pela loja escolhendo os doces que queríamos comprar.

O dono da loja, entretanto, não me julgou merecedor da categoria de cliente. Acreditou que seria mais interessante colocar-me em outra categoria e, assim, decidiu que eu deveria ser revistado. Bolsos do casaco e da calça, pernas, cada contorno do meu corpo tocado sem a minha permissão por um adulto.

Não entendi muito bem o que aquilo significava na hora. Quase nunca entendemos quando somos crianças. Lembro-me, no entanto, da sensação de estranheza e da necessidade que senti de contar para a minha família o que havia ocorrido.

2011

No final do Ensino fundamental II, fui estudar numa escola particular. Na época dos meus pais, as escolas mais reconhecidas no Brasil eram, geralmente, escolas públicas. Sabemos que esse quadro tem mudado bastante e já era diferente com a minha geração, com as mensalidades escolares sendo cada vez mais caras e mais associadas com o prestígio do ensino. Meus pais me mudaram para uma escola particular porque, nessa época, já começamos a pensar em vestibular e sabemos que a qualidade do ensino é importante.

Eu era o único aluno negro na minha turma da escola particular. As pessoas sabiam que minha família ganhava bem, e éramos pincelados com a marca da ascensão social. Estava em pé de igualdade financeira com muitos dos meus colegas de classe, filhos de comerciantes, policiais e pessoas que ganhavam dinheiro na cidade.

Fiz grandes amigos nessa escola, pessoas que levo até hoje na minha vida. Mas fui, durante três anos, o único negro da minha turma. No primeiro ano do Ensino Médio, um dos alunos deu-se a liberdade de fazer uma caricatura minha na carteira. No desenho, fui retratado com traços superexagerados. O nariz mais largo do que realmente era, o cabelo maior do que o meu, lábios super grossos. Embaixo do desenho estava escrito: JOÃO VERA VERÃO (em referência à icônica personagem Vera Verão, de Jorge Lafond, uma das primeiras drag queens da televisão brasileira). Ainda é viva em minha memória a sensação que aquele desenho me provocou. Fiquei muito ofendido com o apelido e causei na escola. Foi doloroso ver a minha individualidade usada como forma de chacota. Não era um desenho ou um apelido que se pretendia lisonjeiro. Era uma forma de me diferenciar do que seria considerado o "correto" ou padrão. Eu já tinha me assumido gay para a família e para os amigos de verdade.

2014 – 2021

A faculdade é um dos períodos de maior descoberta para o recém-adulto. Aquela liberdade que eu sentia ao ir para a escola sozinho agora era real, verdadeira. Poderia ir para a aula ou passar o dia inteiro no bar com os amigos, a escolha era minha. Eu, é claro, ia para as aulas porque a geografia sempre me chamou.

Mas, desde o primeiro ano, frequentava também as festas e baladas universitárias, um bom ambiente de socialização. Estudei na cidade de Juiz de Fora e me recordo que, um dia, fui com mais três amigos para uma das baladas. Éramos os únicos negros naquele espaço.

Muitos meninos eram requisitados: beijavam, recusavam, entravam e saíam das cabines do banheiro... e eu estava ali. Aquilo não era um incômodo para mim, pois nunca tive muita paciência para flertar com as pessoas. Porém, eu tinha consciência de não ser, naquele espaço, uma pessoa considerada um referencial de beleza. Quem eram os meninos que beijavam, recusavam, entravam e saíam do banheiro? Brancos. Meninos como eu, em um espaço como aquele, eram beijados em segredo, quando a balada acabava. Com a promessa de que jamais contaríamos para ninguém.

Ainda na faculdade, certo dia, fui num bar com alguns amigos. Para quem nunca frequentou bares universitários, eles costumam ficar cheios e, de vez em quando, a polícia pode aparecer para pedir que o volume da música e da conversa seja diminuído, caso o bar seja em bairro residencial.

Nesse dia, a polícia apareceu, trazendo consigo algo que não me lembro de ver no cardápio do bar, mas, ainda assim, fui obrigado a provar: o spray de pimenta. Não na minha bebida, mas nos meus olhos. Sem que eu soubesse o porquê. Sem que eu pudesse perguntar. Perdi meus óculos e fui guiado para casa por uma amiga.

Como eu disse no começo do capítulo, essas são histórias minhas, mas também são de outros. Eu não precisei explicar para o meu amigo no bar porque era curioso que só nós dois não soubéssemos a origem do nosso sobrenome ou de nossa família (você se lembra dessa história?). Ele sabia. Eu sabia. Só precisamos nos olhar.

Seja no bar, na escola, na faculdade, nas ruas da cidade ou em rede nacional, e aqui você também entende ao que me refiro, essas histórias são vividas e revividas diariamente. Elas se tornam parte de histórias de vida por mais que desejássemos que fossem apagadas. E basta um olhar, um menear de cabeça, para que nós, pessoas negras, possamos nos entender. Porque vivenciamos as mesmas situações.

E por que isso acontece? Eu gostaria de conseguir explicar, mas a verdade é que basta olhar os jornais, sites e entender pelas manchetes como as coisas funcionam...

> OS ESPAÇOS PÚBLICOS NÃO ESTÃO PREPARADOS PARA RECEBER PESSOAS COM DEFICIÊNCIA;

> O ÍNDICE DE VIOLÊNCIA POLICIAL É MAIOR ENTRE AS PESSOAS NEGRAS;

> POVOS INDÍGENAS SÃO MORTOS E AMEAÇADOS TODOS OS DIAS;

> O BRASIL É UM DOS PAÍSES QUE MAIS MATA PESSOAS LGBTQIA+;

> CASOS DE VIOLÊNCIA DOMÉSTICA ESTÃO ENRAIZADOS NOS LARES BRASILEIROS;

Qual é o problema?

Eu poderia centralizar a raiz de todas essas informações no processo histórico brasileiro, com certeza. Afinal, ele é base de tudo o que vivenciamos hoje. O modo como o Brasil se formou no passado tem suas marcas até a atualidade. Mas existe uma outra palavra muito importante e primordial: *privilégio*.

PRIVILÉGIOS

"Reconheça seus privilégios". Essa expressão ficou muito famosa na internet e faz parecer que esse papo é coisa de hoje em dia. Mas não é. Faz já muito tempo que o processo que muitas pessoas precisam fazer é esse: o de reconhecer os privilégios.

O problema é que ninguém quer ter esse privilégio apontado em sua cara. Faça o exercício de conversar com uma pessoa sobre os privilégios dela. Garanto que, rapidamente, ela começará a listar as inúmeras dificuldades pelas quais já passou. Ninguém quer ser alertado sobre os benefícios que recebe devido à cor de sua pele e a estrutura de uma sociedade criada para favorecer alguns em detrimento de outros.

Vamos voltar um pouquinho no tempo. Mais exatamente 133 anos atrás, em 1888. Nesse ano, foi fundada a empresa de cervejas Brahma. Também foi nesse ano que o pós-impressionista holandês Vincent Van Gogh cortou parte de sua orelha esquerda. Logo no começo do ano, nascia a National Geographic. Já falamos dela aqui. E em maio, era assinada a lei que abolia a escravatura no Brasil.

Menos de cento e cinquenta anos atrás, as pessoas negras em território brasileiro estavam, em sua maioria, em condição de escravidão. E, importante mencionar, a libertação não significa a inserção automática na sociedade. As pessoas que antes estavam em condição de escravidão eram ainda marginalizadas e tinham seu acesso negado.

Quando as universidades e concursos públicos brasileiros abrem os sistemas de cotas para pessoas pretas e pardas, tem-se mais do que uma reestruturação do sistema político. Trata-se de uma desorganização no privilégio que, por muito tempo, não foi sequer estremecido. Enquanto os filhos brancos de senhores de engenho recebiam educação, os filhos negros de escravizados libertos lutavam para poder se alimentar, se inserir na sociedade. Lutavam para poder existir.

Após a abolição da escravatura, imigrantes europeus em território brasileiro recebiam subsídios para poder trabalhar nas plantações e se sustentar. Esses mecanismos não funcionavam para pessoas negras. A igualdade, ainda que fosse estabelecida no plano legal, não era concreta na realidade.

O mito da democracia racial leva as pessoas a acreditarem que raça não é um fator de exclusão, como se o racismo não existisse no Brasil por sermos uma população miscigenada. Mas o que observamos é que, na nossa sociedade, a miscigenação funciona como uma extensão do fator de exclusão social para a criança miscigenada. Eu sei. Eu sou uma delas, como disse para você. Filho de mãe branca e pai preto, retratado nas cadeiras da escola como uma caricatura com traços acentuados pelo racismo, visto pelo dono da venda como um ladrão em potencial, encarado pela polícia como alguém em quem se pode jogar o spray de pimenta sem explicação e sem repercussões, porque não houve.

Mesmo sendo um menino de classe média com as mesmas condições financeiras que meus colegas de classe, a cor da minha pele determinava que eu deveria receber um tratamento diferenciado.

É por isso que o sistema de cotas se constitui enquanto um espaço de disputa política. O sistema de cotas só existe pois a disparidade entre brancos e negros nas instituições é evidente, e dentro das discussões sempre surge um outro termo: "reparação histórica".

REPARAÇÃO HISTÓRICA

Reparar – reestabelecer – consertar a história. Uma história de mais de 300 anos de escravidão onde brancos e negros não tinham os mesmos direitos. E, pensando bem, será que temos os mesmos direitos hoje?

No papel, sim, não é mesmo? A justiça, por exemplo, afirma que todos, sem distinção, têm direito ao julgamento caso algum delito seja cometido. Então, por que mais de 65% da população carcerária no Brasil é negra e muitos ainda não foram julgados? Porque as terminologias utilizadas para manchetes de jornais são diferentes para se referir a quem comete um delito, de acordo com a cor da pele?

> 300 GRAMAS DE SKUNK E R$6 MIL REAIS SÃO ENCONTRADOS COM UM JOVEM BRANCO. ELE É DEFINIDO PELAS NOTÍCIAS COMO "ESTUDANTE DE DIREITO SUSPEITO DE TRÁFICO".

> MULHER NEGRA É APREENDIDA COM 1G DE MACONHA. É CHAMADA DE TRAFICANTE PELAS MANCHETES E PELA POLÍCIA E FICA PRESA DURANTE TRÊS ANOS.

> HOMEM NEGRO ESPERA A FAMÍLIA EM UM SUPERMERCADO AO LADO DO CARRO E É AGREDIDO POR ACREDITAREM QUE ELE ESTAVA ROUBANDO O VEÍCULO.

> PADRASTO DA CANTORA MARÍLIA MENDONÇA COMPARECE A SEU FUNERAL COM A ESPOSA, MÃE DA CANTORA, E É DEFINIDO NAS MANCHETES COMO "SEGURANÇA". UM HOMEM NEGRO DE TERNO.

> CASAL BRANCO ACUSA JOVEM NEGRO DE ROUBAR A BICICLETA DELES QUANDO, NA VERDADE, ELE TINHA UMA IGUAL. O LADRÃO É PRESO ALGUNS DIAS DEPOIS. UM JOVEM BRANCO.

> POLÍCIA ENTRA NO COMPLEXO E, ASSUSTADO, UM JOVEM NEGRO QUE CARREGAVA SUA MARMITA CORRE. É BALEADO E MORTO.

Essas notícias são todas reais. Todas brasileiras.

Se o estudante de direito foi apreendido com mais drogas do que a trabalhadora rural, porque ela é chamada de traficante e ele não? Tem alguma explicação? SIM! E aqui precisamos dar nome aos bois. *Racismo*.

RACISMO

O racismo se constitui enquanto um dos principais problemas – estruturais – que a sociedade enfrenta. Ele se revela em inúmeras facetas, no âmbito pessoal, institucional, dos nossos relacionamentos, medos e construções sociais. Lembrei-me de um post em que um garoto ironizava uma situação que viveu.

Ele contou que uma mulher de, aproximadamente, 60 anos, ao ver que ele caminhava atrás dela na rua, começou a apressar o passo enquanto escondia o celular na bolsa. O celular do menino era melhor e mais caro que o da moça. Mas, para ela, ele representava uma ameaça.

Por que ninguém me desejava na balada que eu fui e por que você encontra tantos relatos de pessoas negras que vivenciaram a mesma situação? Acho que não era porque eu sou feio (eu realmente acreditei no que a minha mãe me falou quando eu era criança), mas é porque o meu corpo nunca foi um corpo que as pessoas queriam se relacionar. Corpos como o meu nunca foram representados em revistas, em novelas. O padrão de beleza não se estendia a nós. Cabelos como o meu só apareciam em propagandas para mostrar o "antes", o feio, o não desejado, a situação horrível que seria salva por aquele produto milagroso. Pessoas com meu tom de pele só apareciam em novelas como empregadas. Apareciam em revistas como... bom, não aparecem.

Você já deve ter visto circular pela internet testes que as pessoas fazem com algoritmos de websites. Pesquisar cabelo feio no Google levava para fotos de cabelo afro. Pesquisar moda feminina no Pinterest sem colocar especificações leva a muitas fotos de looks com meninas brancas. As pretas só aparecem se especificarmos na busca.

Corpos como o meu são associados a fetiches. "Sempre quis ficar com alguém da sua cor", "acho tão exótico". A violência também pode ser verbal. Por que eu não era atendido quando ia em determinadas lojas? Falo no passado porque agora que me tornei uma pessoa pública, o tratamento mudou em muitas situações. Por que quando eu entrava no supermercado ou em alguma loja, parecia até que poderia brincar de pega-pega com o segurança, já que ele "coincidentemente" sempre estaria no mesmo corredor que eu? Não vejo outra explicação que não seja o racismo.

Em outubro de 2021, veio à tona na internet o caso envolvendo a loja Zara de um shopping do Ceará, acusada de racismo por instruir seus seguranças a barrarem a entrada de pessoas consideradas suspeitas que eram, em sua maioria, negras ou com roupas simples. E digo com certeza que essa é a norma na grande maioria das lojas. Não se engane: a Zara não foi a exceção. Ela é a regra.

Existem relatos de algumas mulheres que pontuam casos de violência obstétrica. A manchete *"Na maternidade a dor tem cor"*, publicada pela agência de jornalismo investigativo Pública, me marcou e martelou na minha cabeça por dias e dias. Na reportagem, era relatado como mulheres negras num hospital estavam recebendo doses menores de anestesia do que mulheres brancas durante o parto, com a justificativa de que "aguentariam mais a dor" – reflexos de uma escravidão que não se superou e muito menos teve seus problemas resolvidos.

Só vamos deixar de achar que a escravidão é um problema no dia em que pessoas negras forem tratadas em todos os espaços, sobretudo, os públicos, com respeito. O racismo se repete nas estruturas da nossa sociedade. Estruturas essas que são criadas por pessoas, grupos que o reproduzem. E para que ele deixe de existir, é preciso reestruturar.

REESTRUTURAÇÃO

É possível perceber, pelos muitos casos que citei, que a reestruturação deve ser generalizada.

Precisamos reestruturar o sistema de saúde, de segurança, de justiça, de geração de trabalho e de renda, pois eles sempre foram pensados baseados numa outra coisa que, particularmente, não faz sentido nenhum: a meritocracia.

Outra palavrinha muito mencionada nos dias de hoje e que vem acompanhada de frases como "você também consegue, basta se esforçar" ou "trabalhe enquanto eles dormem", ela significa, basicamente, que qualquer pessoa consegue atingir o êxito em qualquer segmento da vida se buscar e batalhar bastante. Basta se esforçar.

Parece lindo, parece inspirador, parece aquilo que todos deveríamos, de fato, acreditar. Coloque essa mensagem com um fundo bonitinho para ganhar muitas curtidas nas redes sociais e tenha a plena consciência de que você estará espalhando uma mensagem falsa. Poderíamos acreditar que tudo se baseia somente no esforço se todos tivéssemos as mesmas condições. Mas, como dissemos, existem privilégios.

A vida não é feita de escolhas como a maioria das pessoas costumam falar por aí. A vida é feita de oportunidades e aqui temos um fato: pessoas negras não possuem as mesmas oportunidades que pessoas brancas. É a conversa que já tivemos sobre as cotas, sobre os subsídios para imigrantes europeus e sobre as condições de vida de pessoas negras pós-abolição da escravatura.

Pensemos, novamente, em algumas das manchetes que vemos por aí. A mãe que foi presa após roubar comida numa loja para alimentar os filhos que estavam com fome. Falta de vontade ou oportunidade? O garoto que sonha em cursar uma universidade, mas não consegue concluir os estudos. Falta de vontade ou oportunidade?

O discurso da meritocracia perdura no imaginário brasileiro e do mundo de forma geral. Casos isolados de sucesso são usados para tentar fazer regra daquilo que é exceção, aplicados a uma maioria que, possivelmente, não conseguirá os mesmos resultados.

Enquanto isso, nas universidades brasileiras temos, de acordo com um estudo do IBGE realizados em 2017, uma porcentagem de 9,3% de pessoas negras com mais de 25 anos e curso superior completo. O programa de cotas tem contribuído para que essa porcentagem aumente, mas ainda assim de forma desigual. Lembre-se de que a população negra representa 56% da população do Brasil.

Se a meritocracia fosse possível, talvez jovens negros não estariam sendo vítimas da violência policial e do encarceramento em massa. O Brasil registrou, no ano de 2020, o maior número de mortes pelas forças de segurança pública e, das vítimas, 78% são homens e negros e mais de 70% destes estão na faixa etária entre 0 a 29 anos.

Pense na quantidade de notícias que vimos recentemente sobre famílias que perderam seus filhos por balas disparadas pela polícia.

João Pedro Mattos
Ágatha Félix
Kauan Alves

Esses são três dos muitos nomes que estiveram nos noticiários e que compõem as mais de duas mil crianças e adolescentes mortas pela polícia entre os anos de 2017 e 2019. A história dessas crianças foi interrompida. E as famílias? O Estado paga um dinheiro e fica por isso mesmo? Por que precisamos viver com base no medo de que nossos amigos, familiares e filhos possam morrer a qualquer momento?

AQUELE QUE DEVE SER MENCIONADO

Eu não tenho o objetivo de explicar muita coisa neste capítulo. Queria, desde o princípio, que ele tivesse esse tom, uma mistura de conversa e de desabafo, pois isso é algo que sempre esteve na minha cabeça. Sempre.

Nós não temos que naturalizar, em nenhuma hipótese, que os jornais sempre vão anunciar a morte de uma criança, mulher, LGBTQIA+, jovem negro... Não temos que naturalizar a dificuldade em falar sobre o racismo. Há livros direcionados para crianças e para adultos que falam a respeito desse tema e que devem ser lidos à exaustão.

É comum que seja mencionado que esse tema não deve ser debatido com crianças. Geralmente, esse ponto é apresentado por pais de crianças brancas. "É um tema pesado", "não tem necessidade". Só acredita nisso quem não vive essa realidade. Afinal, se essas crianças são capazes de reproduzir esse racismo, como os meus colegas de classe que fizeram o desenho de mim, elas têm que ser capazes de ouvir, desde pequenas, que o racismo é errado. Que ele não deve ser reproduzido.

E não diga, jamais, que não vê cor. Isso é negar a existência do racismo e, dessa forma, propagá-lo. Somos de cores, formas, tamanhos diferentes, e há beleza na diferença. O que não é belo, entretanto, é a exclusão por conta dessas diferenças. Não podemos encontrar soluções para a desigualdade se fingimos que ela simplesmente não existe.

Se não vivemos em uma democracia racial, é necessário que você veja cor. Que você entenda que essa diferença de cores gera uma discriminação estrutural e sistemática que existe desde as raízes da nossa sociedade.

Esse assunto precisa ser sempre comentado, debatido, porque não falar sobre o tema não fará com que ele deixe de existir. Não há como escaparmos das raízes do nosso passado, mas elas podem ser usadas como exemplos do que não deve ser feito a partir de agora.

AGRADECIMENTOS

Seria difícil agradecer a uma única pessoa, pois, mesmo que implicitamente, todos aqueles que, de alguma maneira se identificam comigo, fazem parte deste projeto. Este livro é resultado de alguns meses em que fiquei pensando *"será que está bom?"*, num mix de insegurança e pedidos como: "lê pra mim aqui?".

Tendo ele finalizado e em minhas mãos, percebo que sozinho não seria capaz de produzi-lo, e que ele não é o resultado individual de tudo que fiquei escrevendo: é fruto também de cada professor e professora que colaboraram com a minha formação, de cada ensinamento e visão de mundo que meus familiares, minha mãe e meu pai me proporcionaram, de cada roda de conversa que meus amigos me enfiaram (mesmo eu não querendo).

A todas essas pessoas, muito obrigado!

Ao Igor, meu agradecimento especial, pelo companheirismo e incentivo diários.

A todo o time da HarperCollins o meu agradecimento, por acreditarem em mim e por ajudarem a ampliar o comprometimento com a ciência e com a educação no Brasil. Este livro é nosso.

LISTA DE CONTEÚDOS SUGERIDOS

A seguir, há uma lista de livros, filmes, séries, documentários, podcasts, entre outros materiais riquíssimos nos quais me baseei para compor este livro e que deixo como sugestão para ampliar, ainda mais, os temas nele abordados.

5 VEZES Chico: O Velho E Sua Gente. Direção de Ana Rieper et. al. ArtHouse, 2015. Filme (90 min.). Globoplay.

A CIDADE onde envelheço. Direção de Marilia Rocha. Vitrine Filmes, 2017. Filme (100 min.). Netflix.

A HISTÓRIA das coisas. 1 vídeo (22 min.). Publicado pelo canal João Faraco. Disponível em: https://youtu.be/3c88_Z0FF4k. Acesso em: 01 dez. 2021.

A INCRÍVEL Madagascar. Produção Off The Fence. Direção de Claudio Velasquez-Rojas. 2020. Prime Video.

ADICHIE, Chimamanda Ngozi. Americanah. São Paulo: Companhia das Letras, 2014.

ADICHIE, Chimamanda Ngozi. O perigo da história única. São Paulo: Companhia das Letras, 2019.

AMAZÔNIA eterna. Direção de Belisario Franca. Giros e Agência Tudo, 2012. Documentário (80 min.). Prime Video.

BAGNO, Marcos. Preconceito linguístico. São Paulo: Parábola Editorial,

2015.

BALZAC e a Costureirinha Chinesa. Direção de Sijie Dai. 2002. Filme (110 min.).

BEHIND The Curve. Direção de Daniel J. Clark. Delta-v Productions, 2018. Documentário. (95 min.). Netflix.

CARA Gente Branca. Criação de Justin Simien. Netflix, 2017. Série de TV. Netflix.

CARLOS, Ana Fani Alessandri, et. al. A cidade como negócio. São Paulo: Editora Contexto, 2015.

CENTRAL do Brasil. Direção de Walter Salles. Videofilmes, 1998. Filme (107 min.). Globoplay.

DANÇA dos pássaros. Direção de Huw Cordey. Netflix, 2019. Documentário (51 min.). Netflix.

EDDO-LODGE, Reni. Por que eu não converso mais com pessoas brancas sobre raça. Belo Horizonte: Editora Letramento, 2019.

ENTRE rios e palavras: as línguas indígenas no Pará em 2021. Direção de Ivânia Neves. Universidade Federal do Pará, 2021. Documentário (76 min.). Disponível em: https://youtu.be/5TP25OXroAc. Acesso em: 01 dez. 2021.

GAMBINO, Childish. This is America. mcDJ Recording, 2018. MP3 (4 min.). Disponível em: https://open.spotify.com/track/4t3XfuyoOi-24zPKw2IrkS1?si=c008d9bfdc254fdb. Acesso em: 01 dez. 2021.

ILHA das Flores. Direção de Jorge Furtado. Casa de Cinema de Porto Alegre, 1989. Documentário (12 min.). Globoplay.

INFILTRADO na Klan. Direção de Spike Lee. Universal Pictures, 2018. Filme (135 min.). Netflix.

LEWINSOHN, Thomas; PRADO, Paulo Inácio. Biodiversidade Brasileira: Síntese do estado atual do conhecimento. São Paulo: Editora Contexto, 2002.

LUDD, Ned. Apocalipse motorizado: a tirania do automóvel em um planeta poluído. São Paulo: Conrad Editora, 2004.

M8: Quando a Morte Socorre a Vida. Direção de Jeferson De. Downtown Filmes, 2020. Filme (74 min.). Netflix.

MALHAÇÃO: Viva a diferença. Criação de Cao Hamburger. Globo, 2017. Novela. Globoplay.

MAZZUCATO, Mariana. O estado empreendedor. São Paulo: Portfolio-

-Penguin, 2014.

MILTON Santos, Por Uma Outra Globalização. Direção de Sílvio Tendler. RIOFILME, 2008. Documentário (56 min.). Disponível em: https://youtu.be/WLYZmfJXEDY. Acesso em: 01 dez. 2021.

MUKASONGA, Scholastique. Nossa senhora do Nilo. São Paulo: Editora Nós, 2017.

O DESCOBRIMENTO do Brasil. Direção de Humberto Mauro. Brazilia Filme, 1937. Filme (83 min.).

SANTOS, Eurico dos. Pássaros do Brasil. São Paulo: Editora Garnier, 2004.

SANTOS, Milton. Manual de Geografia Urbana. São Paulo: Edusp, 2012.

SISTEMA de Informações Hidrológicas. Agência Nacional de Águas. Disponível em: http://www2.ana.gov.br/Paginas/servicos/informacoeshidrologicas/redehidro.aspx. Acesso em: 01 dez. 2021.

SOUZA, Marcelo Lopes de. Os conceitos fundamentais da pesquisa sócioespacial. Rio de Janeiro: Bertrand Brasil, 2013.

TERRA Plana: partes 1 e 2. Teorias da conspiração, 2020. Podcast. Disponível em: https://open.spotify.com/episode/5Gl6yEoSS9UbcbyOH-F1dyW?si=rtHRUyCoSP6trZGuPqKkwA. Acesso em: 01 dez. 2021.

THE True Cost. Direção de Andrew Morgan. Untold Creative, 2015. Documentário (92 min.). DVD.

TIROS em Ruanda. Direção de Michael Caton Jones. Imagens Filmes, 2006. 1 DVD (115 min.).

UNRAVEL. Direção de Meghna Gupta. 2021. Filme (14 min.).

VENENO está na mesa. Direção de Sílvio Tendler. Publicado pelo canal Cine Amazonia, 2011. 1 video (49min.). Disponível em: https://youtu.be/8RVAgD44AGg. Acesso em: 01 dez. 2021.

SOBRE A PITICAS

O João sempre fica falando por aí que me encontrou na rua, mas na verdade, fui eu que aceitei morar com ele. Jamais imaginaria que estaria, hoje, lançando o meu primeiro livro. Sim, o livro é meu, mas está no nome dele por puro protocolo. Aproveito para mandar um salve para minhas primas distantes, as calopsitas que vivem na Austrália. Espero que você tenha adorado o que nós descobrimos aqui, e que o nosso livro, meu e do João, tenha sido capaz de despertar em você a curiosidade do mundo e que tenhamos sido capazes de mostrar, nestas páginas como as coisas que parecem banais, acabam revelando muito, mas *muuuito* conhecimento sobre o mundo e as nossas relações. Boa leitura.*

Marieta Piticas é a calopsita que estampa a capa deste livro e foi uma das principais inspirações para o seu tutor durante a escrita de *Como essa calopsita veio parar no Brasil?*

*P.s.: texto traduzido para o português de piados-gritos e barulhos não identificados

SOBRE O AUTOR

Quando me tornei professor e entrei na sala de aula pela primeira vez, muitas eram as minhas dúvidas. No começo, eu tinha receio de que algum aluno me perguntasse alguma coisa e eu não soubesse responder. De fato, eu não sabia tudo mesmo, porém fui buscar, pesquisar e transformar o desconhecido em aprendizado. E mais do que isso, essa minha busca me fez entender que o que antes me gerava medo era o não saber tudo. Hoje, me pergunto: existe alguém que sabe tudo?

Enquanto estava escrevendo estas páginas, esses momentos foram retornando à minha cabeça e, portanto, o que você encontrou aqui é o reflexo daquele João que teve coragem de encarar o medo e o transformou nas respostas às perguntas que deram origem a este livro. Quando se trata de conhecimento, não existe pergunta boba, afinal, tudo o que você aprende, acha curioso ou compreende vai muito além do conteúdo de qualquer aula, e representa a construção de uma sociedade justa, crítica e que preza pelo respeito entre as pessoas.

O saber está em tudo e quanto mais curioso você for, como a calopsita que está na capa, mais conhecimento você terá. Por isso, espero que meu livro o leve a muitas outras perguntas, de geografia ou não.

João Luiz Pedrosa ganhou notoriedade após sua participação no reality show Big Brother Brasil, em 2021. O mineiro é professor de geografia formado pela Universidade Federal de Juiz de Fora-MG, e pesquisador da Universidade Federal de Viçosa-MG. É também apresentador, sempre dialogando em prol da educação e da ciência no Brasil, seja na TV, seja em suas redes sociais.

Atualmente, ele mora em São Paulo com o namorado, a calopsita, Marieta Piticas – nossa estrela –, e as chinchilas, Afonso Cláudio e Frederico Everaldo.

Este livro foi impresso em 2022, pela Eskenazi, para a HarperCollins Brasil. A fonte usada no miolo é Karmina, corpo 11. O papel do miolo é Pólen Bold 90 g/m².